**Widmung**

*Dieses Buch ist Herrn Prof. Dr. Günther Heger (†) gewidmet, der am 25. Juli 2010, kurz vor Projektende, im Alter von 53 Jahren verstarb. Gemeinsam mit Frau Prof. Dr. Dieta Simon hat er das dreijährige Forschungsprojekt „InnoGema" geleitet. Mit seiner Fachkompetenz, seinem methodischen Wissen und als neugieriger, kritischer und immer hilfsbereiter Mensch hat er unser Forschungsvorhaben in allen seinen Entwicklungsphasen konstruktiv mitgestaltet. Wir sind ihm dafür zu großem Dank verpflichtet und er wird immer in unserer Mitte bleiben.*

*Das InnoGema-Team*

*Förderhinweis*

Das Forschungsprojekt InnoGema – Netzwerkentwicklung für innovatives Gesund-heitsmanagement an der Hochschule für Technik und Wirtschaft wurde zwischen 11/2007 und 04/2011 durch das Bundesministerium für Bildung und Forschung BMBF im Förderschwerpunkt Innovationsstrategien jenseits traditionellen Managements (Förderkennzeichen 01FM07009) und durch den Europäischen Sozialfonds ESF gefördert und vom Projektträger DLR betreut.
Die Verantwortung für den Inhalt dieser Veröffentlichung liegt bei den Autoren.

gefördert durch

EUROPÄISCHE UNION

# Inhaltsverzeichnis

**Anhang**

# Vorwort

Wir gehen von der Annahme aus, dass mit einer aktiven Betrieblichen Gesundheitsförderung die Wettbewerbsfähigkeit Ihres Unternehmens nachhaltig gestärkt werden kann. Das Praxishandbuch möchte dementsprechend Wege aufzeigen,

- wie Sie Ihre persönliche Leistungsfähigkeit und die Ihrer Mitarbeiter erhalten,
- wie Sie Betriebliche Gesundheitsförderung Schritt für Schritt in Ihrem Unternehmen einführen
- und wie Sie Betriebliche Gesundheitsförderung nachhaltig gestalten können.

Lehrbuchhafte Abhandlungen zum Thema Betriebliche Gesundheitsförderung liegen in großer Zahl vor. Einzelne gute Beispiele und hilfreiche Onlineportale gibt es zudem im Internet für verschiedene Branchen. Viele Darstellungen wenden sich vor allem aber an mittlere und große Unternehmen. Zu kurz kommen kleine Unternehmen, deren Bedingungen und Ressourcen jedoch völlig anders gestaltet sind. Diese Lücke soll das Praxishandbuch füllen, indem es für Sie und Ihr Unternehmen aktuelle und praxistaugliche Information kompakt und übersichtlich zugänglich macht.

Suchen Sie konkrete Hinweise, Hilfsmittel und Beispiele, wie Sie in der Gesundheitsförderung vorgehen können? Dann kann Sie dieses Handbuch weiter bringen. Es knüpft an Erfahrungen an, die den geschäftlichen und beruflichen Alltag in Ihrem Unternehmen prägen. Das Praxishandbuch erhebt weder den Anspruch, alle wissenschaftlichen Erkenntnisse zu diesem Thema zusammenzufassen, noch ein Leitfaden zur Einrichtung eines Managementsystems zu sein. Es ist vielmehr – ganz pragmatisch – ein Unterstützungswerkzeug für die betriebliche Praxis all derer, die mit möglichst überschaubarem organisatorischem Aufwand Betriebliche Gesundheitsförderung systematisch betreiben wollen.

Hervorgegangen ist das Praxishandbuch aus dem vom Bundesministerium für Bildung und Forschung BMBF und dem Europäischen Sozialfond ESF zwischen 11/2007 und 04/2011 geförderten Modellprojekt InnoGema „Netzwerk für ein innovatives Gesundheitsmanagement" an der Hochschule für Technik und Wirtschaft.

Wir beginnen in *Kapitel 1* mit den besonderen Bedingungen und Potenzialen kleiner Unternehmen und mit den größten Herausforderungen, die dafür sprechen, frühzeitig und systematisch etwas für den Erhalt der Arbeitsfähigkeit und für die Gesundheit der Mitarbeiter zu tun.

Wir klären dann in *Kapitel 2*, was unter Gesundheitsförderung zu verstehen ist.

In *Kapitel 3* erfahren Sie, wie Sie in einem Kleinunternehmen Gesundheitsförderung umsetzen können und welches Vorgehen dabei im Arbeitsalltag wirklich praktikabel ist.

In *Kapitel 4* bringen wir Ihnen nahe, durch wen Sie bei der Umsetzung von Gesundheitsförderung Unterstützung erfahren und welche Leistungen Ihnen geboten werden.

In *Kapitel 5* erklären wir, wie Sie das Thema Betriebliche Gesundheit zu einem Teil Ihrer Unternehmenskultur machen können.

In *Kapitel 6* schlagen wir Ihnen vor, was Sie ganz persönlich für Ihre Gesundheit tun können, und beschreiben, welche Rahmenbedingungen Sie schaffen sollten, damit Ihre Mitarbeiter arbeitsfähig bleiben und gute Arbeitsbedingungen im Unternehmen aktiv mitgestalten können.

In *Kapitel 7* geht es darum, wie Sie vor Ort geeignete Partner für die Gesundheitsförderung finden können.

In *Kapitel 8* erläutern wir Ihnen am Beispiel InnoGema, wie ein Netzwerk mit dem erforderlichen organisatorischen und technischen Management dazu beitragen kann, Gesundheitsförderung für Kleinunternehmen in Kooperation mit Partnern handhabbar zu machen.

In *Kapitel 9* finden Sie eine Auswahl von Methoden, die Sie einsetzen und Ihren Mitarbeitern anbieten können, um bis ins hohe Alter gesund zu bleiben.

Das Handbuch ist so gegliedert, dass die Kapitelinhalte wie Handlungsschritte aufeinander aufbauen. Um es nicht zu umfangreich und unübersichtlich werden zu lassen, haben wir uns auf die wichtigsten Praxisaspekte konzentriert. Hinweise zu weiteren Informationen finden Sie auf den Quellenseiten im Anhang.

## *Ein Hinweis zu den Wegweisern im Praxishandbuch*

Verweise auf andere Textstellen, in denen Sie weitere Aussagen zum jeweiligen Thema finden, haben wir Ihnen in Kästen an den Rand gestellt.

 Mit Ausrufezeichen sind Aussagen markiert, die einzelne Inhalte zuspitzen oder wesentliche Zusammenhänge pointieren.

 Mit einer Lupe sind Aussagen gekennzeichnet, mit denen wir inhaltliche Zusammenhänge vertiefen möchten oder Ihnen markante Zitate zum Zusammenhang anbieten.

 Wenn Sie diesem Hinweispfeil folgen, finden Sie weitergehende Erläuterungen zum jeweiligen Sachverhalt in anderen Kapiteln des Praxishandbuchs.

 Dieses Symbol kennzeichnet Links zu Internetseiten, in denen Sie ausführlichere Informationen erhalten. Die Links sind nach Kapiteln sortiert, fortlaufend durchnummeriert. Sie können alle Links im Verzeichnis „Internetquellen" am Ende des Bandes finden.

Ein Hinweis zur Schreibweise:
Um den Text möglichst flüssig lesbar zu gestalten, haben wir die männliche Endungsform gewählt. Sie schließt die weibliche mit ein. Lesen Sie also „Mitarbeiter", dürfen Sie davon ausgehen, dass damit auch Frauen gemeint sind.

# Kapitel 1
# Potenziale und Herausforderungen kleiner Unternehmen

## Potenziale kleiner Unternehmen

Anders als in großen Unternehmen liegt das unternehmerische Risiko, die Führungsverantwortung und die Ausrichtung der Unternehmenskultur in einer Hand – in Ihrer. Sie schaffen den Arbeitsplatz für Ihre Mitarbeiter und sorgen sich persönlich um sie. Durch diese „Nähe" haben Sie die Chance, individuelle Bedürfnislagen zeitnah wahrzunehmen. Sie können auf kurze und persönliche Kommunikationswege zurückgreifen und Ihre Mitarbeiter bei Bedarf direkt unterstützen. Sie kennen die Prozesse, die Zwänge und die Herausforderungen im Arbeitsprozess, häufig auch das private Umfeld.

Viele gesundheitsförderliche Rahmenbedingungen, die sich große Unternehmen mühevoll erarbeiten, haben Sie dadurch bereits geschaffen. Vielleicht nicht bewusst und manchmal vielleicht intuitiv. Die im Rahmen des Forschungsprojektes InnoGema vom Projektteam befragten Unternehmer und Mitarbeiter berichten über ein angenehmes kooperatives Betriebsklima, in dem der wertschätzende Umgang miteinander und der ressourcenorientierte Einsatz von Mitarbeitern eine wichtige Rolle spielen und das Thema Gesundheit und die Vereinbarkeit von Familie und Job einen hohen Stellenwert einnehmen.

*„Wir versuchen [...], dass sich jeder so ein bisschen in die Richtung entwickelt, dass er Dinge tut, die er gern tut."*
(Geschäftsführerin eines kleinen IT-Unternehmens)

Durch die persönliche Nähe zwischen Ihnen und Ihren Mitarbeitern praktizieren Sie, allein durch Ihre Vorbildwirkung und durch Ihr Handeln, einen sorgsamen Umgang mit der Gesundheit der Einzelnen.

*„Ein gesunder Mitarbeiter ist ausgeglichen, es geht ihm gut und er achtet auf Ausgleich zum Job."*
(Geschäftsführerin eines kleinen IT-Unternehmens)

Wenn Ihr Unternehmen zur Kreativwirtschaft zählt, arbeiten Sie in einem Wirtschaftszweig, dem im Mai 2007 vom „EU-Kulturministerrat" eine bedeutende Rolle für die Beschäftigung und das Wirtschaftswachstum in Europa zugesprochen wurde. Zur Kreativwirtschaft gehören z. B. IT-Dienstleister, Multimedia, Werbung, Film-, Rundfunk- und Filmwirtschaft und Medien- und Kommunikationsdienste. In Berlin beispielsweise stellen die Medien-, Informations- und Kreativbranchen einen der größten Wirtschaftzweige dar. Mit rund 24.500 Unternehmen, einem jährlichen Umsatz von über 20 Mrd. Euro und rund 190.000 Beschäftigten haben sie einen Anteil von ca. 16 % am Bruttoinlandsprodukt der Berliner Wirtschaft (vgl. Senatsverwaltung für Wirtschaft, Technologie und Frauen et al., 2008, S. 42, 🖥 I 04).

Kennzeichnend für die Kreativwirtschaft ist, dass hoch qualifizierte Mitarbeiter (überwiegend mit Fachhochschul- oder Universitätsstudium) häufig projektbezogen in Teams und weitgehend eigenverantwortlich, komplexe Arbeitsaufgaben bewältigen. Durch Anwendung von Informations- und Kommunikationstechnologien besteht für Unternehmen und Mitarbeiter die Möglichkeit, Arbeitsprozesse flexibel zu gestalten und unternehmensspezifische und individuelle Anforderungen zu berücksichtigen. Dieses Potenzial birgt auch Gefahren und es ist wichtig, sie im Blick zu haben. Gefahren sind beispielsweise die örtliche und zeitliche Vermischung der betrieblichen und privaten Interessen (Entgrenzung von Arbeits- und Wohnwelten sowie Entgrenzung von Unternehmensstrukturen und Arbeitsorganisationen) und die Ausdehnung der Arbeitszeiten. Denn vielfach wird die Verantwortung für die Arbeitsgestaltung vom Unternehmer an den Mitarbeiter abgegeben. Forschungsergebnisse zeigen, dass die Arbeitsbedingungen in diesen Branchen für Mitarbeiter oft hochgradig psychisch belastend sind.

Auch wenn zeitliche und fachliche Flexibilitätsanforderungen Ihre Mitarbeiter zeitweise belasten, muss dies noch keine negativen Auswirkungen haben. Wenn Mitarbeiter auf Hilfe und Ihre Unterstützung (z. B. beim Lösungsweg) und die ihrer Kollegen zurückgreifen können, ist dies für sie oft kompensierbar. Sie können darin auch unterstützt werden, indem Sie Ihnen ermöglichen, Verhaltensweisen zu verändern, um ihre eigenen Grenzen früher zu spüren, Handlungsstrategien zu entwickeln und besser für sich selbst zu sorgen.

*„Ein gesunder Mitarbeiter hat einen Weg gefunden, mit dieser Stressbelastung, die ich halt nicht vermeiden kann, einigermaßen gut, für ihn gut und gesund umzugehen."*
(Geschäftsführerin eines kleinen IT-Unternehmens)

Vor welchen Herausforderungen stehen Geschäftsführer und Mitarbeiter kleiner Dienstleistungsunternehmen?

Im Folgenden nehmen wir drei zentrale Aufgabenstellungen für die Unternehmen in den Fokus:

• Innovationsfähigkeit erhalten
• Psychische Belastungen wahrnehmen und reduzieren
• Fachkräftemangel ernst nehmen

## *Herausforderung: Innovationsfähigkeit erhalten*

Unternehmer in der Kreativbranche haben insgesamt einen starken Innovationsdruck. Es ist ihnen bewusst, dass ihre Wettbewerbsfähigkeit davon abhängt, dass es gelingt, ihr Kreativpotenzial auszuschöpfen und innovative Produkte oder Dienstleistungen anzubieten. Hinzu kommt, dass die Halbwertzeit von Wissen dramatisch sinkt. „Lebenslanges Lernen" gehört zum „Tagesgeschäft". Um auf die dynamischen Marktanforderungen reagieren zu können, müssen sich Mitarbeiter in immer kürzeren Zeitspannen eigenverantwortlich neue Themenfelder aneignen.

*„Der Erfolg hängt davon ab, dass wir die Nase vor dem Kunden haben. [...] Es gibt nicht den Standardjob, die Standardabläufe. Jobs, die wir vor 10 Jahren gemacht haben, gibt es nicht mehr, sie verändern sich jährlich. [...] Weil jeder Job eine*

*neue Herausforderung und in der Regel überaus komplex ist, gibt es keine Patent-*
*rezepte. Wir müssen deshalb dauernd neu justieren."*
(Geschäftsführer einer PR-Agentur mit 30 Mitarbeitern)

**Was bedeutet Innovation**

Unter dem Begriff Innovation werden sowohl neue Produkte oder Dienstleistungen, als auch neue Produktionsprozesse und neuartige Organisationslösungen verstanden. Diese Prozesse finden nicht nur im Unternehmen statt, sondern können als interaktiver Prozess zwischen Unternehmen und dem Markt gesehen werden.

Die Fähigkeit, solche Neuerungen hervorzubringen und am Markt zu plat-zieren, verschafft Unternehmen Wettbewerbsvorteile.

Innovationen entstehen nur, wenn die Qualifikation, die Motivation und der Freiraum passen, d. h. wenn Ihre Mitarbeiter „können", „wollen" und „dürfen" (vgl. IG Metall, 2003b, S. 23).

In diesem Zusammenhang stellen sich vor allem fünf Fragen:

- Hat Ihr Mitarbeiter ausreichende Spielräume, um sich angemessen in neue Sachverhalte einzuarbeiten oder das dafür notwendige Wissen zu erwerben.
- Wie können Sie Ihren Mitarbeiter beim Erwerb von Wissen unterstützen?
- Wie können Sie neues Wissen von außen in Ihr Unternehmen hereinholen?
- Wie kann das Know-how innerhalb Ihres Unternehmens transparent gestaltet und weiter entwickelt werden?

- Sind die Rahmenbedingungen in Ihrem Unternehmen für Ihre Mitarbeiter kreativitätsförderlich?

> Innovativ können nur die Unternehmen sein, die Fähigkeiten dafür entwickeln, durch fortwährende Veränderungsfähigkeit ihr soziales und wirtschaftliches Überleben zu sichern. Dazu gehört, ein Arbeiten zu ermöglichen, das den Wandel von persönlichen Kapazitäten der Mitarbeiter genauso berücksichtigt wie die entsprechende Veränderungen der Arbeitsanforderungen z. B. durch neue Technologien.

## *Herausforderung: Psychische Belastungen wahrnehmen und reduzieren*

Psychische Belastungen sind in der europaweit gültigen Norm DIN EN ISO 10075-1 bzw. -2 als „Gesamtheit der erfassbaren Einflüsse, die von außen auf den Menschen zukommen und psychisch auf ihn einwirken" definiert. Bei der Arbeit umfassen sie beispielsweise Anforderungen im Zusammenhang mit der Arbeitsaufgabe, der Arbeitsumgebung, der Arbeitsorganisation, den Arbeitsmitteln und den sozialen Komponenten wie Führungsstil und Betriebsklima. Die Auswirkung psychischer Belastungen auf Ihre Mitarbeiter wird als psychische Beanspruchung bezeichnet. Sie hängt von den individuellen Bewältigungsstrategien des Mitarbeiters und den ihm zur Verfügung stehenden Ressourcen ab. Als Folge eines Ungleichgewichts von Belastungen und Bewältigungsmöglichkeiten kann beim Mitarbeiter Stress, psychische Ermüdung und/oder Leistungsabfall entstehen.

siehe Kapitel 2, S. 31

**Stress, Stress, Stress – psychische Belastungen sind auf dem Vormarsch**

Sie kennen das: Es wird seit vielen Jahren und von den unterschiedlichsten Personen in verschiedenen Arbeitsfeldern über Stress geklagt. Und teilweise gehört es zum „guten Ton", ständig im Stress zu sein. Für manche ein Zeichen, wie wichtig sie sind, für andere eine Bestätigung dafür gebraucht zu werden. Kunden verlangen Ihnen und Ihren Mitarbeitern viel ab. Dadurch fühlen sich Ihre Mitarbeiter auch herausgefordert. Gerne bringen sie ihre Kompetenzen ein und reagieren bei Bedarf flexibel auf Arbeitszeitverschiebungen, Arbeitszeiterhöhungen und örtliche Veränderungen. Aber nach Phasen der Anstrengung bedürfen sie einer Phase der Erholung.

In einem Gesundheitsreport Arbeitsplatz Büro hatte die DAK bereits im Jahr 2005 auch bei Bürofach- und Bürohilfskräften eine starke Zunahme psychischer Anforderungen statistisch erfasst. Ausschlaggebende Faktoren waren aus Sicht der Beschäftigten die zunehmende Menge an zu verarbeitenden Informationen, des Arbeitsvolumens sowie der fachlichen Anforderungen. Hinzu kommt ein gesteigerter Leistungsdruck. In der gesamten Arbeitswelt stehen inzwischen laut BKK-Gesundheitsreport 2008 psychische Störungen bereits auf Platz 4 der Rangliste häufigster Krankheiten (nach Fehltagen) (vgl. BKK Bundesverband GbR, 2008, ⌨ I 01).

Die aktuelle Fehlzeitenanalyse der AOK verweist darauf, dass der zu verzeichnende leichte Anstieg des Krankenstandes besonders der Zunahme psychischer Erkrankungen zuzuschreiben ist. Laut einer repräsentativen Untersuchung des Wissenschaftlichen Instituts der AOK unter über 20.000 Beschäftigten in Deutschland steht an der Spitze der als stark empfundenen psychischen Belastungen für

- 36,6 % der Beschäftigten die große Arbeitsmenge,
- 36,1 % der Beschäftigten das Arbeitstempo,
- 33,7 % der Beschäftigten die große Genauigkeit und
- 33,3 % der Beschäftigten die ständige Aufmerksamkeit.

(vgl. DAK, 2005 u. WIdO, 2009)

Wenn sich Mitarbeiter längerfristig in Situationen befinden, die sie psychisch überfordern, droht ein „Ausbrennen". Dieser sogenannte Burnout beschreibt einen Prozess, der mit Stressempfinden beginnt und in eine totale seelische und physische Erschöpfung mündet. Ihr Mitarbeiter ist dann nicht mehr in der Lage sich zu erholen. Dahinter steht ein komplexes Beschwerdebild. Oftmals betrifft Burnout gerade Personen, die anfangs hohe Motivation zeigen und einen neuen Job als Herausforderung annehmen. Für sie wird aber im Laufe der Zeit die Herausforderung eher zur Überforderung. Stimmen die Rahmenbedingungen in Ihrem Unternehmen, um die Gesundheit der Mitarbeiter langfristig zu erhalten und ein „Ausbrennen" zu vermeiden?

Auch wenn Sie bei dem Einen oder dem Anderen Ihre Zweifel hätten, wie gestresst sie nun wirklich sind – Sie sollten solche Äußerungen bei Ihren Mitarbeitern in jedem Fall ernst nehmen. Sie empfangen damit ein Signal, wie Ihr Mitarbeiter seine Arbeitssituation bewertet. Fragen Sie ihn insbesondere bei krankheitsbedingten Ausfällen über längere Zeiträume, welche Unterstützung Sie ihm bieten können.

> Ihre Aufgabe als Geschäftsführer ist es, Anzeichen von emotionaler oder seelischer Erschöpfung rechtzeitig zu erkennen, diese anzusprechen und Maßnahmen einzuleiten, die dem entgegenwirken. Bedenken Sie, dass gerade anfangs hochmotivierte Beschäftigte in ein Burnout kommen können.

### Flexibel arbeiten – unabhängig von Ort und Zeit

Wie sieht Ihr Arbeitsalltag aus? Arbeiten Sie, ebenso wie die Unternehmer und Mitarbeiter der von InnoGema befragten Unternehmen unter permanentem Zeitdruck? Haben auch Sie eine ausgeprägte Kunden- und Dienstleistungsorientierung, die zur Folge hat, dass Sie flexibel auf Kundenanforderungen wie z. B. kurzfristige Kundenaufträge, ad hoc Änderungswünsche des Kunden und zeitlich enge Projektrahmen oder Auftragszeiten reagieren müssen? Bedenken Sie an dieser Stelle, dass Zeitdruck von der Mehrheit der Beschäftigten als die häufigste Ursache von Stress und gesundheitlichen Beeinträchtigungen empfunden wird. Für die befragten Unternehmen sind „Zeitengpässe" klassisch und haben zur Folge, dass der Arbeitsort und/oder die Arbeitszeit sowie die Arbeitsmenge häufig für den Mitarbeiter nicht planbar sind.

Sicherlich haben Sie selbst bereits beobachtet, dass der Umgang jedes einzelnen Mitarbeiters mit Belastungsfaktoren und den damit verbundenen persönlichen Stressindikatoren unterschiedlich ist.

siehe Kapitel 2 zu den Begriffen Belastung und Beanspruchung, S. 32

Von 30 befragten Mitarbeitern aus IT-Unternehmen gaben (Kather-Skibbe, 2010, S. 80), 76,7 % der Befragten an, dass sie in Überlastungssituationen ihre Pausen einschränken. 63,3 % der Befragten versuchen, die Situation durchzustehen. „In Überlastungssituationen denke ich: Augen zu und durch". Lediglich 40 % der Befragten versuchen, sich in Überlastungssituationen „immer/oft" Hilfe von ihren Kollegen oder Vorgesetzten zu holen. 33,3 % der Beschäftigten tun dies „selten/fast nie". Angesichts dessen:
Könnten Sie in 5 Jahren noch genauso arbeiten, wie sie es heute tun?

Damit Sie gesundheitliche Risiken für sich selbst und für Ihre Mitarbeiter vermeiden und ihre Mitarbeiter bestärken, achtsam mit sich umzugehen, können folgende Fragestellung erste Orientierung bieten:

• Gehören Überstunden in Ihrem Unternehmen zur Regel?
• Achten Sie und Ihre Mitarbeiter auf ausreichende Erholungspausen während der Arbeit?
• Sind Sie und Ihre Mitarbeiter in der Lage, „Feierabend" zu machen und sich nach der Arbeit freizeitlichen Aktivitäten und ihrer Familie zu widmen?
• Sind Ihre Mitarbeiter im Arbeitskontext sozial eingebunden und können bei Bedarf Hilfe und Unterstützung einholen?

Die humanen und sozialen Ressourcen von Mitarbeitern ertragen nur begrenzt unzumutbare Belastungen (vgl. Cernavin, 2001). Überdurchschnittlich oft führen die oben genannten Einflussfaktoren zu psychosomatischen Beschwerden wie chronischer Müdigkeit, Nervosität, Schlafstörungen oder Magenbeschwerden. Stressphasen von mehr als acht Wochen Dauer, wie sie in manchen IT-Firmen auftreten, führen zu einer dramatischen Zunahme chronischer Erschöpfung, einem Frühindikator für Burnout. Entgrenzung von Arbeit korreliert hier mit einem Arbeitsethos, das Arbeiten bis in die späteren Abendstunden als selbstverständlich erscheinen lässt. Hier besteht die Gefahr, dass körperliche Symptome wie Verspannungen oder Schlafstörungen ignoriert, Konzentrationsschwächen oder Erschöpfung verdrängt werden (vgl. Gersterkamp, 2002).

### Im Kundenkontakt ist emotionale Kompetenz gefordert

Wenn Ihr Mitarbeiter z. B. im Kundengespräch bestimmte erwartete Gefühle zeigen soll oder seine Gefühle unterdrücken muss, spricht man von Emotionsarbeit. Wird ein Widerspruch zwischen den auszudrückenden und den empfundenen Gefühlen verspürt, entsteht eine emotionale Dissonanz. Durch sie kann für den Mitarbeiter eine Beanspruchung entstehen, die sich seelisch-körperlich negativ auswirken kann. Sie kann Stress verursachen und auf längere Sicht sogar bis zum Burnout führen. Entscheidend ist hier zum einen, welches Verhaltensrepertoire der Mitarbeiter hat und zum anderen, ob ihm ein Rahmen geboten wird, in dem er mit emotionaler Dissonanz besser umgehen kann. Soziale Unterstützung durch Kollegen gehört ebenso dazu wie ein klärendes Gespräch mit Ihnen als Vorgesetztem, um Ihre Erwartungen kennenzulernen und gemeinsam einen Lösungsweg zu erarbeiten.

# Herausforderung: Fachkräftemangel ernst nehmen

Bisher wurden in den IT-basierten Dienstleistungsunternehmen, einer wesentlichen Teilgruppe der Kreativwirtschaft, gesundheitliche Gefährdungen von Mitarbeitern weitgehend ausgeblendet. Eine ausreichende Anzahl junger und leistungsfähiger hoch qualifizierter Fachkräfte stand auf dem Arbeitsmarkt zur Verfügung. Doch durch den demographischen Wandel hat sich das verändert, so dass z. B. in der IT-Branche teilweise bereits ein Fachkräftemangel zu verzeichnen ist (vgl. Becke et. al., 2010).

*Demographischer Wandel*

Nach Berechnungen des Statistischen Bundesamts wird die Bevölkerung in Deutschland in den nächsten 60 Jahren von derzeit 82 Mio. auf 65 bis 70 Mio. zurückgehen. Die Geburtenraten sind in den letzten Jahrzehnten stetig zurückgegangen und liegen niedriger als die Sterberaten. Neben der sinkenden Bevölkerungszahl altert die Gesellschaft insgesamt. Dieses Phänomen wird als Demographischer Wandel bezeichnet. (vgl. Statistisches Bundesamt, 2009, 🖥 I 05).

Eine Studie der PROGNOS AG unter dem Titel „Arbeitslandschaft 2030" prognostiziert bereits, dass auf dem deutschen Arbeitsmarkt bis 2030 5,2 Mio. Fachkräfte fehlen werden (vgl. vbw, 2008, 🖥 I 07).

Ihr Unternehmen ist jetzt zehn Jahre alt oder sogar einige Jahre älter? Dann ist wahrscheinlich, dass Sie und Ihre Mitarbeiter sich inzwischen in einer ganz anderen Lebensphase befinden als zur Zeit der Unternehmensgründung. Sie und mehrere Kollegen dürften heute zwischen 35 und 40 Jahre alt sein und einige von Ihnen eine Familie gegründet haben. Zu Gründungszeiten bereits 40-Jährige, gehören inzwischen also der Generation 50+ an.

Können und wollen Sie noch im selben Rhythmus arbeiten wie in der Gründungsphase des Unternehmens?

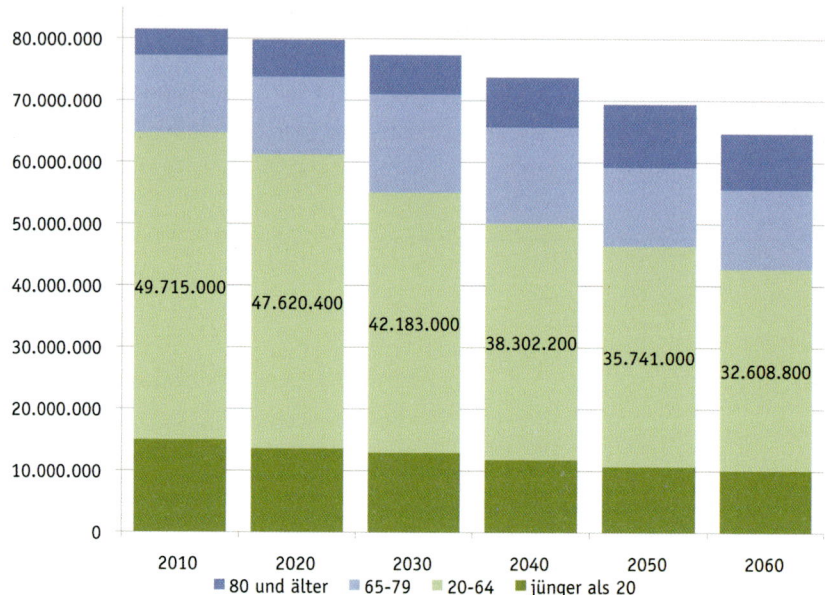

***Abb. 01: Gesamtbevölkerung und erwerbsfähige Personen (20 bis 64 Jahre) in Deutschland (2010 bis 2060)***
*Quelle: Eigene Darstellung, vgl. Statistisches Bundesamt 2010*

Wie können Sie Ihren Mitarbeiter an Ihr Unternehmen binden und seine Innovationskraft erhalten oder stärken? Gesundheitliche Prävention kann hier zu einem strategischen Schlüsselfaktor werden. Zahlreiche Untersuchungen belegen, dass gute Arbeitsbedingungen und ein angenehmes Betriebsklima entscheidend dazu beitragen, Ihre Mitarbeiter auf Dauer zu halten.

siehe
Kapitel 5,
S. 97

Bleiben Sie als Arbeitgeber attraktiv, damit Sie die Fachkräfte mit viel Erfahrungswissen binden und neue qualifizierte Mitarbeiter gewinnen können. Entwickeln Sie alter(n)sgerechte Arbeitsbedingungen – für sich und für Ihre Mitarbeiter, damit Sie alle auch mit 50+ noch leistungsfähig sind.

Für Ihr eigenes Unternehmen können Sie verschiedene Hilfsmittel nutzen, um sich der demografischen Herausforderung stellen zu können.
Um sich einen ersten Überblick zu verschaffen, hilft z. B. der folgende Quick-Check:

| Grobanalyse Altersstruktur | | |
|---|:---:|:---:|
| Welchen demografischen Handlungsbedarf gibt es im Betrieb? | Ja | Nein |
| Kenntnisse über die Zusammensetzung der Altersgruppen fließen in die Personalpolitik mit ein. | ☐ | ☐ |
| Die Tätigkeiten im Unternehmen sind so gestaltet, dass Beschäftigte diese bis zum 65. Lebensjahr ausüben können. | ☐ | ☐ |
| Die Einstellung oder Ausbildung junger Nachwuchskräfte verläuft problemlos. | ☐ | ☐ |
| Auch ältere Beschäftigte erhalten die Chance sich zu qualifizieren und ihre Kompetenzen zu erweitern. | ☐ | ☐ |
| Es gibt gezielten Wissenstransfer zwischen Älteren und Nachwuchskräften. | ☐ | ☐ |
| Allen Beschäftigten wird eine berufliche Entwicklungsperspektive angeboten. | ☐ | ☐ |

**Abb. 02: Grobanalyse der Altersstruktur im Unternehmen**
Quelle: www.ergo-online.de/GIGA

Wenn Sie systematischer vorgehen wollen, erstellen Sie eine Altersstruktur-analyse. Dazu finden Sie hier Hinweise: Morschhhäuser et al. (o.J.) 💻 I 03.

Einen ausführlicheren Demografie-Check finden Sie hier: INQA (o.J.) 💻 I 02.

Die nachhaltige Umsetzung von Maßnahmen der betrieblichen Gesundheitsförderung ist ein Weg, um die Mitarbeiter zu befähigen, die neuen Herausforderungen individuell ressourcenschonend zu bewältigen. In den folgenden Kapiteln erfahren Sie, was unter Betrieblicher Gesundheitsförderung zu verstehen ist, welchen Nutzen sie Ihrem Unternehmen stiftet und wie Sie sie systematisch in Ihrem Unternehmen umsetzen können.

Sind die Arbeitsbedingungen altersgerecht angepasst, sind ältere Mitarbeiter genauso leistungsfähig und innovativ wie jüngere Mitarbeiter. Mit ihrem Erfahrungswissen sind sie für Unternehmen sowieso unverzichtbar.

# Kapitel 2
# Warum ist Betriebliche Gesundheits-förderung sinnvoll?

In Kapitel 1 haben wir Herausforderungen für die kommenden Jahre für Ihr Unternehmen, für Sie als Führungskraft und für Ihre Mitarbeiter skizziert. Dort finden Sie außerdem Ausführungen zu den psychischen Belastungen, die insbesondere bei Dienstleistungsarbeit auftreten und Sie und Ihre Mitarbeiter betreffen können. Aber nicht allein die Belastungen spielen eine Rolle. Es ist wichtig zu erkennen, wie diese auf den einzelnen Mitarbeiter wirken (psychische Beanspruchung). Es ist bekannt, dass psychische Belastungen von Mitarbeitern sowohl positiv als auch negativ empfunden werden können. Dementsprechend bewirken gleiche Belastungen unterschiedliche Beanspruchungen. Resultate von Beanspruchungen werden als Beanspruchungsfolgen bezeichnet (siehe Abbildung 03). Die persönlichen Fähigkeiten, die Bewältigungsstrategien, die Gesundheitskompetenz und die organisationalen Rahmenbedingungen im Unternehmen bestimmen, ob Belastungsfaktoren zu einer negativen Beanspruchung führen und damit zu einer Gefährdung für den Mitarbeiter werden. Hier liegt ein entscheidender Schlüssel für die Arbeitsfähigkeit.

Gesundheitskompetenz beispielsweise drückt sich dadurch aus, dass Ihr Mitarbeiter wahrnimmt, dass er ...

• sich in einer Überlastungssituation befindet, also erkennt, was gerade mit ihm passiert,
• in der Lage ist, die Symptome z. B. von Stress oder Überforderung zu deuten,
• in der Lage ist, auf die Symptome zu reagieren, und
• über Handlungsstrategien verfügt, um hoher Beanspruchung entgegen zu wirken.

Gesundheitskompetenz heißt aber auch, dass der Mitarbeiter persönliche Defizite in den oben genannten Punkten erkennt und bereit ist, diese aktiv anzugehen. Hier ist Ihre Unterstützung sehr wichtig.

Psychische Belastungen sind in der europaweit gültigen Norm DIN EN ISO 10075-1 bzw. -2 als „Gesamtheit der erfassbaren Einflüsse, die von außen auf den Menschen zukommen und psychisch auf ihn einwirken" definiert. Im Zusammenhang mit der Arbeit sind das:

• Anforderungen seitens der Aufgabe
• Soziale und organisatorische Faktoren
• physikalische Bedingungen
• Gesellschaftliche Faktoren

Die „individuelle, zeitlich unmittelbare und nicht langfristige Auswirkung" der psychischen Belastung auf den Menschen wird in der Norm als psychische Beanspruchung definiert.

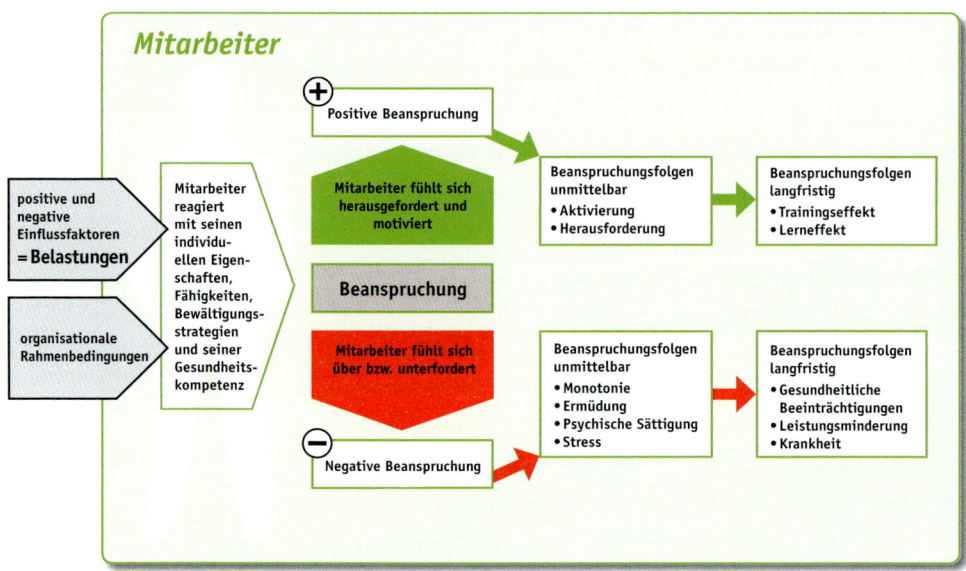

**Abb. 03: Belastung/Beanspruchung**
*Quelle: Eigene Darstellung*

# Mindestanforderung:
# Gefährdungsbeurteilung durchführen

Die gesetzlich vorgeschriebene Gefährdungsbeurteilung (ArbSchG) ist der erste Schritt, um Gefährdungen wahrzunehmen. Wichtig ist an dieser Stelle zu bedenken, dass Gefährdungen mehr als die Möglichkeit des Einwirkens von schädlichen Energien und Stoffen auf Ihre Mitarbeiter sind. Gefährdungen umfassen alle Einflussfaktoren (Belastungen), die negative gesundheitsbeeinträchtigende Auswirkungen (Beanspruchungen) bei ihren Mitarbeitern hervorrufen können. Betrachten Sie den Arbeitsplatz, die Aufgaben und den Arbeitsprozess Ihrer Mitarbeiter kritisch. Fragen Sie Ihre Mitarbeiter nach Engpässen, Verbesserungsmöglichkeiten, Qualifizierungsbedarfen und ihrem Wohlbefinden. Im Allgemeinen wissen die Mitarbeiter am besten, wo es klemmt und was sie benötigen. Legen Sie anschließend Maßnahmen fest, um die Belastungen zu beseitigen. Manchmal reicht bereits eine Handlungsempfehlung für den Mitarbeiter. Wichtig ist, dass Sie Ihren Mitarbeiter in den Verbesserungsprozess einbinden, da er der Experte an seinem Arbeitsplatz ist. Die Abbildung 04 gibt Ihnen einen Überblick über die einzelnen Schritte einer Gefährdungsbeurteilung.

*Abb. 04: Ablaufschema einer Gefährdungsbeurteilung*
*Quelle: Eigene Darstellung*

Durch die Berücksichtigung dieser gesetzlichen Anforderungen zum Arbeits- und Gesundheitsschutz schützen Sie sich, Ihr Unternehmen und Ihre Mitarbeiter langfristig da Sie:

1. die wirtschaftliche Sicherheit für das Unternehmen stärken. Sie gewährleisten einen störungsfreien Projektverlauf, verhindern wirtschaftliche Schäden und Verluste und reduzieren die Krankheitstage und Ausfallzeiten Ihres Mitarbeiters.
2. die rechtliche Sicherheit für die verantwortlichen Personen schaffen. Sie vermeiden rechtliche Konsequenzen (z. B. Bußgelder, Strafverfolgung) und sichern die verantwortlichen Personen für den Schadensfall ab.
3. die persönliche Sicherheit für die Beschäftigten garantieren. Sie verringern Schmerzen und ggf. bleibende körperliche Beeinträchtigungen, schaffen eine materielle Absicherung, verhindern persönliche Nachteile z. B. Leistungseinschränkung und die Beeinträchtigung der Lebensfreude.

## Zielsetzung: Arbeitsfähigkeit erhalten

Schauen Sie in die Zukunft. Ist es für Sie und Ihre Mitarbeiter möglich, unter den zunehmenden Herausforderungen so weiter zu arbeiten wie bisher? In dem heutigen hoch dynamischen Arbeitsumfeld ist der Blick auf die Balance zwischen den Anforderungen, die Sie und die Kunden an Ihre Mitarbeiter stellen, und dem, was Ihre Mitarbeiter zu bieten haben, ein entscheidender Erfolgsfaktor. Die verschiedenen Aspekte, die die Balance beeinflussen, stellt beispielsweise J. Ilmarinen im Haus der Arbeitsfähigkeit dar (siehe Abbildung 05).

Arbeits(bewältigungs)fähigkeit wird definiert als das Potenzial eines Menschen, eine gegebene Aufgabe zu einem gegebenen Zeitpunkt zu bewältigen. Die individuellen Voraussetzungen stehen in Wechselwirkung mit den Arbeitsanforderungen – beide können sich verändern und müssen gegebenenfalls angepasst werden. Es handelt sich also um eine variable und gestaltbare Größe.

(vgl. Ilmarinen; Tempel, 2002a, S. 87–90).

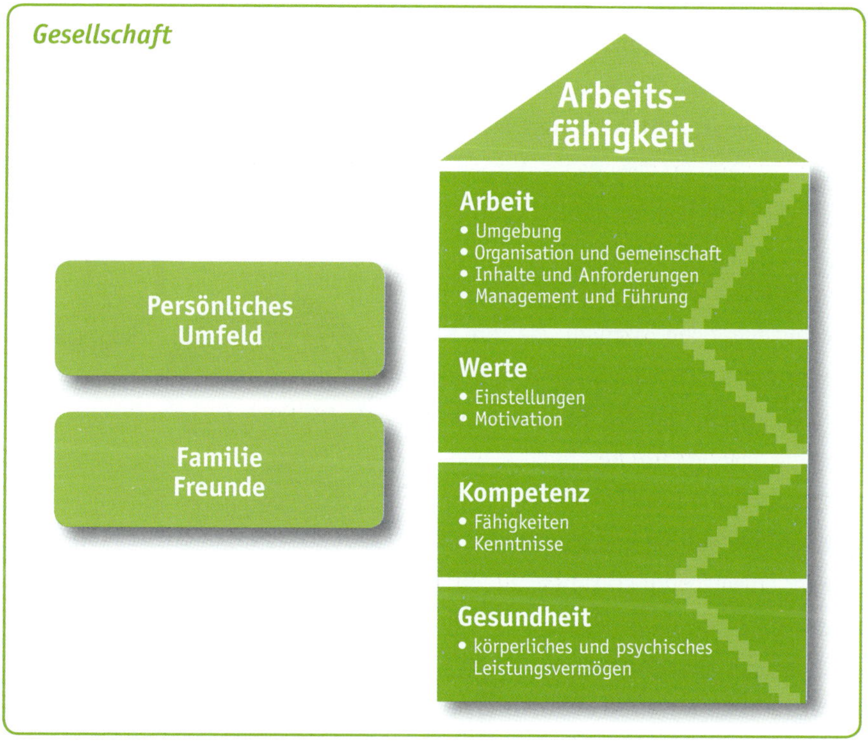

**Gesellschaft**

**Arbeits-fähigkeit**

**Arbeit**
• Umgebung
• Organisation und Gemeinschaft
• Inhalte und Anforderungen
• Management und Führung

**Werte**
• Einstellungen
• Motivation

**Kompetenz**
• Fähigkeiten
• Kenntnisse

**Gesundheit**
• körperliches und psychisches Leistungsvermögen

**Persönliches Umfeld**

**Familie Freunde**

*Abb. 05: Haus der Arbeitsfähigkeit*
*Quelle: Ilmarinen; Tempel, 2002a, S. 92*

*Folgende Faktoren beeinflussen die Arbeitsfähigkeit jedes Einzelnen:*

Das soziale Umfeld mit seinen Auswirkungen auf die gesundheitliche Situation und die Leistungsfähigkeit ist das entscheidende Fundament. Gesundheit kann als Grundvorrausetzung für die Leistungsfähigkeit im Arbeitsleben verstanden werden. Darauf aufbauend kommen in der 2. Etage die berufsspezifischen Kenntnisse des Mitarbeiters zum Tragen, die er sich im Laufe des Arbeitslebens angeeignet hat. Im 3. Stock befinden sich die Einstellungen und die Motivation des Mitarbeiters, die von ihm ins Arbeitsleben eingebracht werden und dieses beeinflussen. Aufbauend darauf sind dann im 4. Stock alle Aspekte der Arbeit vereinigt. Diese Etage umfasst alle psychisch/mentalen, physischen, physikalischen und organisatorischen Anforderungen, die an den Beschäftigten gestellt werden und dessen Arbeitsfähigkeit beeinflussen. Gerade in dieser Etage ist das Führungsverhalten ausschlaggebend. Bei Problemen mit der Arbeitsfähigkeit des Mitarbeiters ist es wichtig, in jedes Stockwerk zu schauen, um wieder ein ausgewogenes Verhältnis unter den Stockwerken herzustellen (vgl. Ilmarinen; Tempel, 2002a, vgl. Ilmarinen; Tempel, 2002b).

Insofern ist es wichtig, dass Sie Ihren Blick, ausgehend von den Faktoren, die Ihre Mitarbeiter bei der Erfüllung ihrer Aufgaben beeinträchtigen, um die Faktoren erweitern, die ihre Mitarbeiter fördern und stärken. Und wie schaffen Sie es, die Faktoren, die auf Sie und Ihre Mitarbeiter einwirken zu erkennen, zu bewerten, wenn nötig gegenzusteuern oder ihre Potenziale besser zu nutzen?

# Lösungsweg: Betriebliche Gesundheitsförderung

Betriebliche Gesundheitsförderung (BGF) setzt an dieser Stelle an. Im Focus stehen gesundes Verhalten des Mitarbeiters, gesunde Verhältnisse im Unternehmen und die persönliche Gesundheitskompetenz. Betriebliche Gesundheitsförderung nützt Ihrem Unternehmen, wenn sie nachhaltig und langfristig als ein ganzheitliches BGF-Konzept in die Organisation integriert ist und nicht nur partiell Einzelmaßnahmen umgesetzt werden.

> Betriebliche Gesundheitsförderung zielt auf die Generierung persönlicher und organisatorischer Gesundheitspotenziale.

> „Gesundheitsförderung schafft sichere, anregende, befriedigende und angenehme Arbeits- und Lebensbedingungen. Gesundheit steht für ein positives Konzept, das in gleicher Weise die Bedeutung sozialer und individueller Ressourcen für die Gesundheit betont wie die körperlichen Fähigkeiten." (Auszug aus der Ottawa-Charta der 1. Konferenz zur Gesundheitsförderung der WHO 1986).

Es ist schwierig, den Nutzen von Betrieblicher Gesundheitsförderung in Euro zu berechnen. Das liegt daran, dass z. B. Faktoren, die eine Verhaltensänderung bei dem Mitarbeiter bewirken, nicht eindeutig identifiziert und zugeordnet werden können. Beispielsweise können zeitgleich verschiedene Einflussfaktoren im Betrachtungszeitraum auf die Gesundheit Ihres Mitarbeiters positiv oder negativ wirken. Anzuführen sind hier beispielsweise Veränderungen im familiären und/ oder sozialen Umfeld. Dennoch kann eine Vielzahl von Studien belegen, dass Betriebliche Gesundheitsförderung Ihrem Unternehmen aus folgenden Gründen nutzt:

- Sie wirkt positiv auf das Wohlergehen und die Gesundheit Ihrer Mitarbeiter;
- Sie signalisiert Ihren Mitarbeitern Wertschätzung und Fürsorge. Damit erhöhen Sie die emotionale Bindung Ihrer Mitarbeiter an Ihr Unternehmen. Sie können so wertvolle Qualifikationen und Fähigkeiten erhalten;
- Sie behebt Ursachen arbeitsbedingter Beeinträchtigungen für die Gesundheit und die Lebensqualität. Gesunde und leistungsfähige Mitarbeiter sichern Ihnen Ihre Position am Markt;
- Sie senkt Ihre Fehlzeiten. Damit steigt die Verfügbarkeit Ihrer Mitarbeiter und Ihre Kosten sinken;
- Sie ist ein Konzept, um gesundheitsförderliche Potenziale im Unternehmen zu erschließen (vgl. AOK-Bundesverband, 2007; Kreis; Bödeker, 2003).

„Die Betriebliche Gesundheitsförderung (BGF) umfasst alle gemeinsamen Maßnahmen von Arbeitgebern, Arbeitnehmern und Gesellschaft zur Verbesserung von Gesundheit und Wohlbefinden am Arbeitsplatz." (Luxemburger Deklaration 1997 Unternehmensnetzwerk zur betrieblichen Gesundheitsförderung in der Europäischen Union e.V. (vgl. Europäisches Netzwerk für Betriebliche Gesundheitsförderung, 2007, 🖥 II 01).

An dieser Stelle ist es aus unserer Sicht wichtig, dass Sie für sich die folgenden Fragen klären:

- Was bedeutet für Sie persönlich „Gesundheit"?
- Worin drückt sich für Sie ein gesunder Mitarbeiter aus?
- Welchen Stellenwert nimmt das Thema Gesundheit in Ihrem Unternehmen ein?
- Suchen Sie nach einzelnen Aktionen/Maßnahmen mit dem Ziel, punktuell gesundheitsförderliche Maßnahmen für die Mitarbeiter bereitzustellen?
- Möchten Sie einen Veränderungsprozess anstoßen und Maßnahmen der Betrieblichen Gesundheitsförderung langfristig in Ihrem Unternehmen verankern?
- Möchten Sie ein gesundheitsförderliches Unternehmen werden und aus diesem Grund ein nachhaltiges System einrichten, das auf mehreren methodischen Bausteinen (Analyseinstrumente, Maßnahmen, Auswertung) basiert?

Selbstverständlich können Sie mit Einzelmaßnahmen zur Gesundheitsförderung beginnen. In vielen Unternehmen ist das ein Weg, um die Mitarbeiter für das Thema zu sensibilisieren und „ins Tun zu kommen". Maßnahmen können beispielsweise regelmäßige Trainings, einmalige Seminare oder Entspannungskurse sein.

Jede Maßnahme, die dazu beiträgt, dass Sie und Ihre Mitarbeiter mit den täglichen Anforderungen besser umgehen können, zählt zur Betrieblichen Gesundheitsförderung.

Bei einem solchen Vorgehen erhalten Sie jedoch noch keine Information darüber, durch welche individuellen und organisatorischen Maßnahmen Sie Ihre Mitarbeiter unterstützen können, damit sie langfristig arbeitsfähig bleiben.

Welcher Aufwand kommt auf Sie zu, wenn Sie Betriebliche Gesundheitsförderung nachhaltig betreiben möchten? Die Abbildung 06 zeigt einen beispielhaften Ablauf für die Einführung von betrieblicher Gesundheitsförderung.

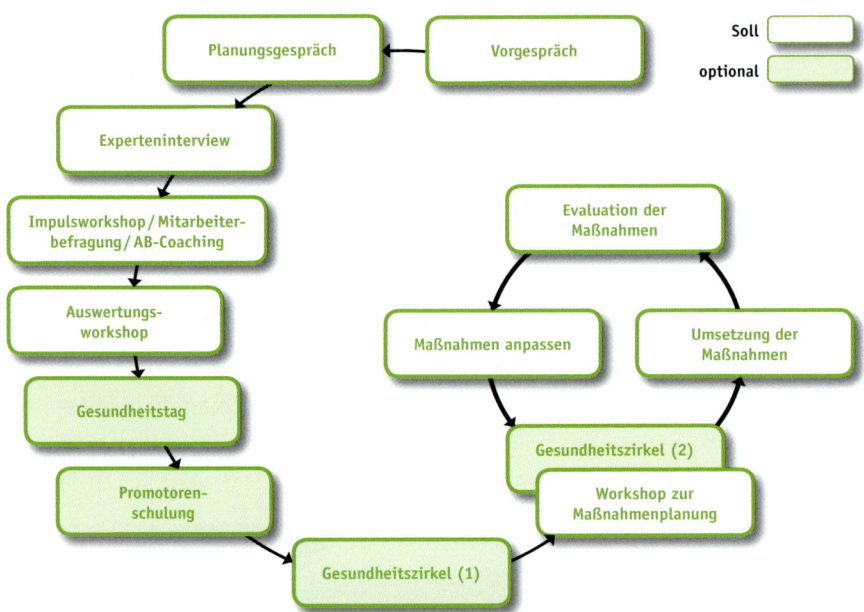

**Abb. 06: Beispielhafter Ablauf zur Einführung von betrieblicher Gesundheitsförderung**
*Quelle: Eigene Darstellung*

Der Inhalt und die Anwendung der dargestellten Instrumente werden in Kapitel 3 ausführlich erläutert. Im Folgenden betrachten wir drei zentrale Voraussetzungen zur erfolgreichen Einführung.

Um den Prozess zur Einführung betrieblicher Gesundheitsförderung im Unternehmen erfolgreich anzustoßen, ist als erstes ein modernes Gesundheitsverständnis im Unternehmen wichtig. Unter einem modernen Gesundheitsverständnis verstehen wir den salutogenetischen Ansatz. Die Salutogenese richtet ihr Augenmerk auf die Prozesse der Gesunderhaltung. Gesundheit kann danach erhalten werden, wenn Ihr Mitarbeiter über die nötigen Ressourcen verfügt, um die Anforderungen bzw. Belastungen, denen er ausgesetzt ist, erfolgreich zu bewältigen. Selbst wenn die äußeren Bedingungen vergleichbar sind – diese Erfahrung werden Sie auch gemacht haben – hängt es von den individuellen Kompetenzen des Einzelnen ab, wie gut er in der Lage ist, seine Ressourcen zum Erhalt der Gesundheit zu nutzen.

Wie wird Gesundheit definiert? Und was sind gesundheitsförderliche Arbeitsbedingungen? Gesundheit wird als umfassende Handlungsfähigkeit und Handlungsbereitschaft, persönliche und berufliche Ziele zu erreichen, Aufgaben und Belastungen erfolgreich zu bewältigen und vorhandene psychische und körperliche Ressourcen zu mobilisieren, zu erhalten und weiterzuentwickeln, verstanden (vgl. Ulich; Wülser, 2005).
Wenn man außerdem Gesundheit als Prozess versteht, wird deutlich, dass je nachdem wie das „Fahrwasser" beschaffen ist, immer wieder „nachgesteuert" werden muss. Schauen Sie sich in diesem Zusammenhang noch einmal das Haus der Arbeitsfähigkeit von J. Ilmarinen und seine verschiedenen Dimensionen an (siehe Abbildung 05).

„Gesundheit ist die Fähigkeit und Motivation, ein wirtschaftlich und sozial aktives Leben zu führen". Definition der WHO 1987 (Ulich, 2005, S. 520)

Als zweites ist es wichtig, dass Sie die Belastungen ihres Mitarbeiters erfassen, sich das Verhalten des Mitarbeiters anschauen und die entsprechenden Rahmenbedingungen in Ihrem Unternehmen reflektieren. Eine ganzheitliche Gesundheitsförderung muss sowohl das Verhalten der Mitarbeiter berücksichtigen als auch die Verhältnisse – die Arbeitsbedingungen im allgemeinen und insbesondere die Gestaltung der Arbeitsprozesse – sonst kann sie nicht nachhaltig wirken. Schaffen Sie beispielsweise die Möglichkeit, dass Ihr Mitarbeiter anfallende Überstunden zeitnah durch Freizeit ausgleichen kann? Wie reagieren Sie, wenn Ihr Mitarbeiter sich wiederholt nach einem langen Arbeitstag Arbeit mit nach Hause nimmt?

Maßnahmen der Betrieblichen Gesundheitsförderung werden in personenbezogene (Verhaltensprävention) und bedingungsbezogene Interventionen (Verhältnisprävention) unterschieden. Verhaltensprävention beabsichtigt die Änderung individuellen gesundheitsgefährdenden Verhaltens bzw. die Übernahme gesünderer Verhaltensmuster, Einstellungen und Haltungen. Maßnahmen der Verhältnisprävention streben eine Veränderung gesundheitsbeeinträchtigender betrieblicher Verhältnisse durch Herabsetzung physischer und psychosozialer Arbeitsbelastungen sowie die Verbesserung von Motivation, Arbeitszufriedenheit und Persönlichkeitsentwicklung in der Arbeit an (vgl. Frieling; Sonntag, 1999).

Drittens sind in Abstimmung mit Ihrem Mitarbeiter Ziele und Maßnahmen festzulegen, um eine Disbalance zwischen Anforderungen und persönlichen und organisationalen Ressourcen auszugleichen. Persönliche Gesundheitspotenziale Ihrer Mitarbeiter können Sie z. B. durch die Anerkennung und die Förderung der fachlichen und der sozialen Kompetenz Ihrer Mitarbeiter stärken. Damit fördern Sie wichtige persönliche Voraussetzungen wirksamen Arbeitshandelns. Die Gesundheitspotenziale Ihres Unternehmens liegen z. B. in einer Vertrauenskultur, in einem Klima gegenseitiger Unterstützung und offener Kommunikation, in Handlungsspielräumen und Mitgestaltungsmöglichkeiten sowie in gut geplanten Arbeitsabläufen.

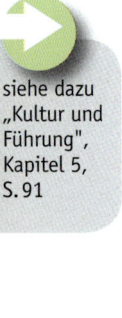

siehe dazu „Kultur und Führung", Kapitel 5, S. 91

Sie werden sich vielleicht schon gefragt haben, was Sie mit Ihrem Kleinunternehmen diesbezüglich realisieren können. In den folgenden Kapiteln erfahren Sie einen praktikablen Weg und verschiedene Unterstützungsangebote.

2

# Kapitel 3
# Umsetzung der Gesundheitsförderung im Unternehmen

In den ersten beiden Kapiteln konnten Sie erfahren, welche Herausforderungen Sie zu bewältigen haben und worum es bei Gesundheitsförderung generell geht. Für Sie stellt sich die Frage, wie Sie in den Prozess zur Etablierung der Gesundheitsförderung starten können, ohne sich persönlich zu viel aufzuladen. Hilfreich ist dazu eine systematische Herangehensweise.

An der folgenden Grafik können Sie ablesen, in welchem Verhältnis Komplexität und Nutzen bei Ihrem Vorgehen zur Gesundheitsförderung stehen.

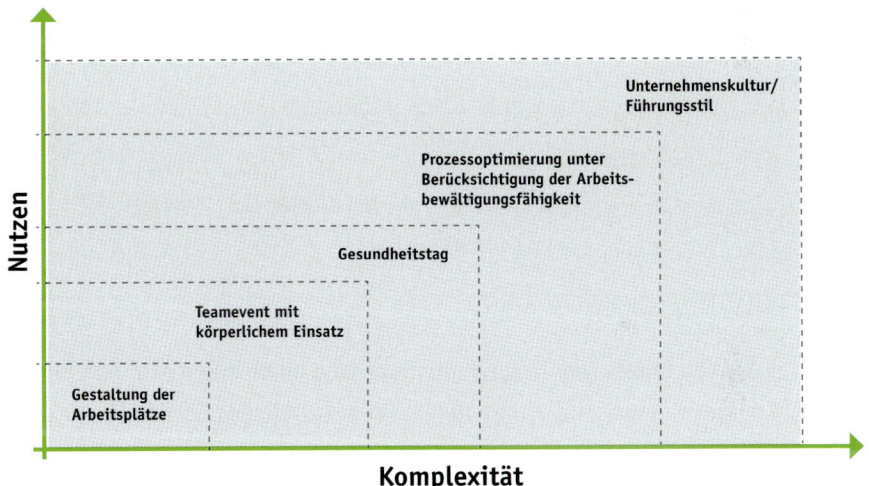

**Abb. 07: Maßnahmen zum Einstieg in die Gesundheitsförderung**
*Quelle: vgl. GEK, o.J., Kap. C, S. 3*

Setzen Sie sich am besten mit einem externen Berater zusammen und führen Sie mit ihm ein orientierendes Gespräch zur Betrieblichen Gesundheitsförderung. Lassen Sie sich verschiedene Optionen und Instrumente aufzeigen, die Sie auf Ihre Praxistauglichkeit für die Gegebenheiten in Ihrem Unternehmen abklopfen können. Ziehen Sie eventuell gleich zu Beginn einen personalverantwortlichen Mitarbeiter zu diesem Gespräch hinzu.

Überlegen Sie in dieser frühen Planungsphase gleich, wie Sie Ihren Mitarbeitern Gelegenheit geben, sich möglichst von Beginn an, aktiv zu beteiligen. Partizipation ist mehr, als sie einmalig (z. B. im Rahmen einer Mitarbeiterbefragung) nach ihrer Meinung gefragt zu haben. Sie nehmen Ihre Mitarbeiter in der Arbeitsorganisation als eigenverantwortlich handelnde Persönlichkeiten ernst. Das ist umso wichtiger bei einem in mancher Hinsicht sehr persönlichen Thema wie der Gesundheitsförderung. Zudem sollen Ihre Mitarbeiter in Zukunft regelmäßig Maßnahmen zur Gesunderhaltung durchführen. Zentrale Erfolgsvoraussetzung ist daher, dass sie in alle Schritte zur Entwicklung geeigneter Programme einbezogen wurden.

Partizipation ist nicht nur aus emanzipatorischen oder legitimatorischen Gründen wünschenswert, sondern sie trägt auch zu mehr Effektivität bei. Ihre Mitarbeiter sind Experten in eigener Sache, nicht nur in Bezug auf die Arbeitsinhalte, sondern auch in Bezug auf gesundheitserhaltende Arbeitsbedingungen.

Damit Gesundheitsförderung nachhaltig wirken kann, müssen Ihre Mitarbeiter von Beginn an in Planung und Umsetzung einbezogen und ihre Vorschläge berücksichtigt werden.

Möchten Sie den Prozess der Gesundheitsförderung durch einen externen Berater begleiten lassen, dann wird er mit Ihnen ein ausführliches Gespräch, ein sogenanntes Experteninterview, durchführen wollen. Es dient ihm dazu, die genauen Gegebenheiten Ihres Unternehmens kennen zu lernen sowie Ihre Einstellungen und Vorerfahrungen auch zum Thema Gesundheit im Betrieb in Erfahrung zu bringen. Sie sind also der Experte! Ihnen selbst bietet das Experteninterview Gelegenheit, über die mit Ihrem Vorhaben verknüpften Fragestellungen ausführlich zu reflektieren.

Die Einführung von Gesundheitsförderung können Sie nach folgenden Überlegungen in Phasen gliedern:

- Phase 1: Sensibilisieren und analysieren
  (Impulsworkshop, Mitarbeiterbefragung, AB-Coaching)
- Phase 2: Auswertung der Analyse (Auswertungsworkshop)
- Phase 3: Maßnahmenplanung und -umsetzung
  (Gesundheitsprogramm, organisatorische Veränderungen)
- Phase 4: Evaluation und Bewertung der Maßnahmen
  (erneute Mitarbeiterbefragung, Feedback von Programmteilnehmern)
- Phase 5: Verstetigung der Gesundheitsförderung
  (Gesundheitszirkel, Gesundheitspromotoren)

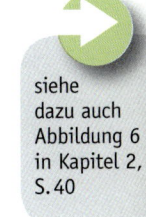

siehe
dazu auch
Abbildung 6
in Kapitel 2,
S. 40

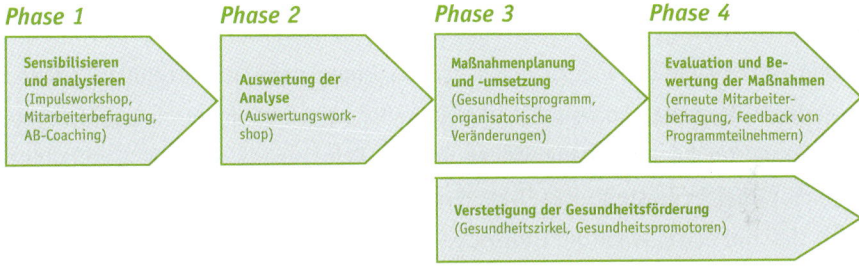

***Abb. 08: Phasen der Umsetzung betrieblicher Gesundheitsförderung***
*Quelle: Eigene Darstellung*

Binden Sie in allen Phasen Ihre Mitarbeiter jeweils aktiv ein. Ausgangspunkt der Gesundheitsinitiative sind jedoch Sie als der Entscheidungsträger. Machen Sie deutlich, wozu die Initiative dient und geben Sie dann den Startschuss.

## Phase 1 – Sensibilisieren und analysieren

Am Beginn jedes Vorhabens steht die Frage, von welchem Ist-Stand Sie im Unternehmen ausgehen können. Sicher haben Sie konkrete Erfahrungen in einzelnen Arbeitsbereichen dazu gemacht, die Ihnen dafür Anhaltpunkte geben. In anderen Bereichen können Sie dagegen eher von vorläufigen Einschätzungen oder Vermutungen ausgehen, wie es um die Belastungen und die Gesundheit Ihrer Mitarbeiter bestellt ist. Diese Erfahrungen sollten festgehalten werden, denn sie sind erste, wichtige Hinweise, die im Laufe einer detaillierten Analyse auch eine Rolle spielen. Für die Analyse und damit auch die Beteiligung der Mitarbeiter an der Planung der Gesundheitsförderung können Sie verschiedene und unterschiedlich detaillierte Methoden wählen. Auf einige, auch miteinander kombinierbare gehen wir hier ein: die Mitarbeiterbefragung, den Gesundheitszirkel und das Arbeitsbewältigungscoaching. Insbesondere, wenn Ihr Unternehmen klein ist, empfehlen wir Ihnen als ersten Schritt die Durchführung eines Impulsworkshops.

Ein weiteres Instrument ist Ihnen wahrscheinlich bereits aus dem Arbeitsschutz bekannt: die Gefährdungsbeurteilung. Interessant ist diese auch für die vordergründig nicht durch Unfallrisiken oder schwere körperliche Belastungen gefährdeten Branchen der Kreativwirtschaft, da inzwischen ebenfalls psychische Belastungen in dieses Verfahren aufgenommen wurden.

siehe Kapitel 2, S. 31

### Mit einem Impulsworkshop beginnen

Ist es aufgrund Ihrer Betriebsgröße und Arbeitsstrukturen möglich, die ganze Belegschaft an einen Tisch zu holen, dann können Sie mit einem Einstiegsworkshop einen ersten Impuls setzen, um die Mitarbeiter zu sensibilisieren und für das Thema Gesundheitsförderung zu gewinnen. Setzen Sie die Betriebliche Gesundheit und den Umgang mit der Arbeit auf die Tagesordnung. Informieren Sie und geben Sie den Mitarbeitern Gelegenheit, sich ein genaueres Bild zu machen und ihre Fragen dazu loszuwerden. Weiteres Ziel des Workshops ist, gemeinsam prioritäre Problemstellungen zu identifizieren und eine aktuelle Einschätzung der Ressourcensituation zu gewinnen.

Beispielhafte Themenstellungen für einen Einstiegsworkshop:

• Betriebliche Gesundheitsförderung – wozu?
• Worauf kommt es mir/uns bei der Arbeit an?
• Wo liegen unsere Stärken im Umgang mit der Arbeit?
• Für welche Situationen wünsche ich mir Unterstützung?
• Welche (Arbeits-)Themen möchten wir im Team angehen?

Ergebnisse eines solchen Einstiegsworkshops sind also z. B.

• Alle Mitarbeiter sind über Gesundheitsförderung bzw. Ihre diesbezügliche Initiative informiert worden und hatten Gelegenheit, sich dazu zu äußern.
• Die Selbsteinschätzung zu den Stärken in der Organisation wird transparent.
• Problemstellungen werden erkennbar und Ansatzpunkte für Lösungen im Team werden gleich identifiziert.

Sie schaffen damit also eine gute Ausgangsposition für die Umsetzung der nächsten Schritte. Dies gelingt sicher nur, wenn Sie eine ausreichend offene und wertschätzende Kommunikationskultur in Ihrem Unternehmen pflegen. Sinnvoll ist aber, für die Durchführung solcher Workshops einen externen und neutralen Moderator zu gewinnen, um Barrieren abzubauen.
Führen Sie diesen Workshop später in eine regelmäßige Organisationsform wie einen Gesundheitszirkel über. Wenn die Kommunikation zwischen den Teilnehmern und den übrigen Mitarbeitern gelingt, müssen daran dann nicht mehr alle Mitarbeiter teilnehmen.

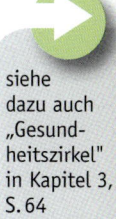

siehe dazu auch „Gesundheitszirkel" in Kapitel 3, S. 64

***Mitarbeiterbefragungen schaffen eine solide Informationsbasis zum Bedarf***
Ein in größeren Unternehmen geeignetes Instrument ist die Mitarbeiterbefra-

gung. Sie kann gezielt als Analyseinstrument zur Problemabschätzung, Prioritätensetzung sowie zur Erfolgskontrolle von Maßnahmen zur Betrieblichen Gesundheitsförderung genutzt werden. Haben Sie in Ihrem Unternehmen einen Betriebsrat, beziehen Sie ihn von Anfang an mit ein. Eine Mitarbeiterbefragung ist zwar nicht unbedingt mitbestimmungspflichtig, aber es ist nicht sinnvoll, mögliche Interessen oder Bedenken des Betriebsrats außen vor zu lassen. Informationsrecht über die Ergebnisse hat der Betriebsrat in diesem Zusammenhang so oder so.

In Kleinstbetrieben gilt es zu bedenken, dass der Anonymität Grenzen gesetzt. Die Kollegen können, da sie sich gegenseitig gut kennen, an wenigen Aussagen feststellen, von wem sie stammen. Aus diesem Grund bietet sich entweder eine persönliche Befragung durch einen externen Fachmann und/oder die Durchführung eines Impulsworkshops an.

Allerdings ist eine Mitarbeiterbefragung mehr als eine reine Datenerhebung. Werden die Mitarbeiter vorab ausreichend über Sinn und Zweck der Befragung informiert, und haben sie in der Befragung die Möglichkeit, auch ihre subjektiven Einschätzungen zu Gehör zu bringen, ist ein solches Vorgehen auch ein wesentliches Element der Beteiligung. Die Darstellung von Ergebnissen einer Befragung, deren Besprechung sowie der regelmäßige Austausch unter den Beschäftigten über Möglichkeiten zur betrieblichen Gesundheit machen deutlich, dass die Mitarbeiterbefragung als ein Instrument der Organisationsentwicklung betrachtet werden kann. Ist sie zudem so differenziert aufgebaut wie im untenstehenden Beispiel, bietet sie beste Anhaltpunkte für ein zielorientiertes Vorgehen.

Ziele einer Mitarbeiterbefragung können sein:

• Erfassung von subjektiven körperlichen Beschwerden und psychischen Beeinträchtigungen
• Darstellung der subjektiven Zufriedenheit mit der Arbeit (Belastungen, Ressourcen)
• Abbildung der Mitarbeiterkompetenzen zur Gesunderhaltung

Sie bietet zudem die Möglichkeit, genauer zu erfahren, wie

- Ihre bisherige Führung bzw.
- die bisherige Arbeitsorganisation oder
- die durchgeführten Personalfördermaßnahmen von Ihren Mitarbeitern bewertet werden.

3

Geht es darum, in der Befragung insbesondere Gesundheitskompetenz, Arbeitsfähigkeit oder Arbeitszufriedenheit zu erfassen, dann ist es sinnvoll, neben der besonderen Konstellation der Belastungen zugleich auch die Ressourcen für die Gesunderhaltung zu erfassen. Zu den Ressourcen können positive Einstellungen, Selbstverantwortung, Kenntnisse zu Zusammenhängen zwischen Verhalten und Gesundheit und vieles mehr gehören.

Schließlich sollten die Mitarbeiter ihre spezifischen Interessen zur Gesundheitsförderung einbringen können. Zudem sollten die Rahmenbedingungen (Ort, Zeit, Unterstützungsbedarf) für die Durchführung von Gesundheitsfördermaßnahmen von Beginn an in eine solche Befragung mit aufgenommen werden.

siehe dazu auch „Salutogenese/Kohärenzgefühl" in Kapitel 6, S. 114

Hier einige beispielhafte Fragestellungen, die jeweils mit 5 unterschiedlichen Zustimmungskategorien bewertet werden können:

| Fragen aus einer Mitarbeiterbefragung (Beispiele) | | | | | |
|---|---|---|---|---|---|
| zu psychischer Belastung/Beanspruchung: | trifft völlig zu/fast immer | trifft eher zu/oft | teils-teils/manchmal | trifft eher nicht zu/selten | trifft nicht zu/fast nie |
| Ich habe wegen Terminvorgaben immer wieder großen Zeitdruck. | ☐ | ☐ | ☐ | ☐ | ☐ |
| Ich muss bei der Arbeit viele Dinge gleichzeitig im Kopf behalten. | ☐ | ☐ | ☐ | ☐ | ☐ |
| Es kommt immer wieder zu Unterbrechungen, weil wichtige Informationen oder Unterlagen erst umständlich besorgt werden müssen. | ☐ | ☐ | ☐ | ☐ | ☐ |
| zu psychosomatischen Beschwerden: Wie häufig hatten Sie in den letzten 12 Monaten folgende Beschwerden? | fast täglich | alle paar Tage | alle paar Wochen | alle paar Monate | nie |
| Kopfschmerzen | ☐ | ☐ | ☐ | ☐ | ☐ |
| Rückenschmerzen etc. | ☐ | ☐ | ☐ | ☐ | ☐ |
| zu Ressourcen für Gesunderhaltung: | trifft völlig zu/fast immer | trifft eher zu/oft | teils-teils/manchmal | trifft eher nicht zu/selten | trifft nicht zu/fast nie |
| Bei meiner Arbeit habe ich jederzeit die Möglichkeit, bei Bedarf von Kollegen Hilfe und Unterstützung zur Aufgabenlösung einzuholen | ☐ | ☐ | ☐ | ☐ | ☐ |
| Ich habe bei Arbeitsaufträgen in der Regel die Möglichkeit, auf den Fertigstellungstermin und das Arbeitsvolumen Einfluss zu nehmen. | ☐ | ☐ | ☐ | ☐ | ☐ |
| zu Bewältigungsverhalten/Gesundheitsverhalten: In Überlastungssituationen ... | | | | | |
| ... denke ich „Augen zu und durch" | ☐ | ☐ | ☐ | ☐ | ☐ |
| ... mache ich weniger Pausen | ☐ | ☐ | ☐ | ☐ | ☐ |
| ... schränke ich meine Freizeitaktivitäten ein | ☐ | ☐ | ☐ | ☐ | ☐ |

| Was tun Sie bewusst, um gesund zu bleiben? | | | | | |
|---|---|---|---|---|---|
| Ich treibe Ausdau-ersport | ☐ | regelmäßig | Ich achte auf genü-gend Schlaf etc. | ☐ | regelmäßig |
| | ☐ | ab und zu | | ☐ | ab und zu |
| | ☐ | praktisch nie | | ☐ | praktisch nie |

| zu Interesse an Gesundheitsfördermaßnahmen: Von den angegebenen gesundheitsfördernden Maßnahmen würde ich am ehesten folgende wahrnehmen: | | | | | |
|---|---|---|---|---|---|
| Stressbewältigung-Entspannung: | | | | | |
| Yoga | ☐ | Thai Chi etc. | | ☐ | |
| Fitness-Bewegung: | | | | | |
| Laufsport | ☐ | Nordic Walking | ☐ | Schwimmen | ☐ |

| zu Rahmenbedingungen für die Durchführung von Gesundheitsfördermaßnahmen: Ich bin bereit, mit Kollegen an gesundheitsfördernden Aktivitäten teilzunehmen: | |
|---|---|
| trifft eher zu/oft | ☐ |
| teils-teils/manchmal | ☐ |
| trifft eher nicht zu/selten | ☐ |
| trifft nicht zu/fast nie | ☐ |

| Wann können Sie an Gesundheitsfördermaßnahmen teilnehmen? | |
|---|---|
| Vor der Arbeit | ☐ |
| in der Mittagspause | ☐ |
| nach der Arbeit | ☐ |

**Abb. 09: Auszug aus einer Mitarbeiterbefragung (Beispiele)**
Quelle: Eigene Darstellung

Anonymität muss immer gewährleistet sein! Das ist sicher der wichtigste ethische Grundsatz bei einer Mitarbeiterbefragung. Niemand wird über persönliche Dinge wie z. B. Gesundheitsbeschwerden oder Umgang mit schwierigen Belastungssituationen ehrlich und offenherzig Auskunft geben, wenn er sich nicht sicher sein kann, dass seine Angaben nicht gegen ihn verwandt oder nicht wertschätzend behandelt werden könnten. Wenn Sie sich für eine Mitarbeiterbefragung entscheiden, sollte daher die Auswertung der Fragebögen durch unabhängige Dritte erfolgen, die das Vertrauen der Belegschaft genießen. Bieten Sie Ihren Mitarbeitern eine technische Möglichkeit, ihren Fragebogen postalisch (per Freiumschlag) oder online direkt an die unabhängige, auswertende Organisation zu senden. Die Auswertung der Daten kann dann so erfolgen, dass keine Rückschlüsse auf einzelne Personen möglich sind.

Es folgt die Auswertung der Befragung: Für Sie ist von Interesse, zu erkennen wo Sie stehen – vielleicht auch im Vergleich zu anderen Unternehmen – und wo genau für Ihr Unternehmen Handlungsbedarf besteht.
Wer befragt worden ist, will wissen, was dabei herausgekommen ist. Die Mitarbeiter wollen nicht nur erfahren, was mit der Befragung beabsichtigt ist und was mit den Daten geschieht, sondern finden es sicher interessant, dargestellt zu bekommen, wie sich die Arbeits- und Gesundheitssituation im Unternehmen insgesamt darstellt. Zugleich ist es für viele wichtig festzustellen, dass sie mit Ihren individuellen Beschwerden oder Anliegen nicht alleine stehen und es fällt ihnen dann leichter, gemeinsam nach Lösungen zu suchen.
Sind Sie in einem mittleren Unternehmen für Personal verantwortlich und fragen sich, wie Sie eine Befragung durchführen sollen? Dann kann die folgende Checkliste helfen, diese Mitarbeiterbefragung systematisch vorzubereiten, durchzuführen oder zu bewerten.

| Planung der Mitarbeiterbefragung | beachtet |
|---|---|
| Festsetzung eines Projektteams (Koordination) | ☐ |

| Systematische Vorgehensweise einer Mitarbeiterbefragung | |
|---|---|
| **Planung der Mitarbeiterbefragung** | |
| Festlegung von Sinn und inhaltliche Zielen | ☐ |
| Vorliegen eines schlüssigen Konzeptes | ☐ |
| Informieren von Entscheidungsträgern | ☐ |
| Schaffung einer adäquaten Informationspolitik (Sinn, Ziel, Durchführung, Anonymisierung ...) | ☐ |
| Beachtung der wissenschaftliche Gütestandards (Treffsicherheit der Ergebnisse, Aussagefähigkeit) | ☐ |

| Durchführung der Mitarbeiterbefragung | |
|---|---|
| Verteilung der Fragebögen | ☐ |
| Rücklauf der Fragebögen | ☐ |
| Festlegung von möglichen Ansprechpersonen für Fragen | ☐ |
| Abstimmung des Untersuchungszeitraumes (Abgabedatum) | ☐ |

| Ergebnisdarstellung | |
|---|---|
| Auswertung der Ergebnisse (gerade in KMU sind externe Berater zu empfehlen) | ☐ |
| Anonymisierung der Ergebnisse | ☐ |
| Offene Darstellung der Ergebnisse | ☐ |
| Rückkopplung der Ergebnisse an Entscheidungsträger | ☐ |
| Konsequenzen ziehen bzw. Umsetzung der Ergebnisse | ☐ |

**Abb. 10: Planung einer Mitarbeiterbefragung**
*Quelle: Eigene Darstellung in Anlehnung an Beck, 2004*

Wir möchten Ihnen noch eine weitere, insbesondere für kleine Unternehmen geeignete Methode nahebringen.

### Das AB-Coaching – besonders geeignet für kleine Unternehmen

Im Rahmen der Gesundheitsförderung im Unternehmen ist das „Arbeitsbewältigungs-Coaching" (ab-c) ein Instrument zur bedarfsgerechten Unterstützung für

Ihr Unternehmen. Es basiert auf wissenschaftlichen Erkenntnissen und überprüf-ten Praxiserfahrungen des Finnischen Instituts für Arbeitsschutz und Gesundheit (FIOH). Im Mittelpunkt des ab-c steht das Modell zur Erhaltung bzw. Förderung der Arbeitsbewältigungsfähigkeit (work ability) und damit die Entwicklung von bedarfsgerechten individuellen und betrieblichen Maßnahmen. Insofern han-delt es sich hier nicht um ein Coaching im üblichen Verständnis, das auf die Persönlichkeitsentwicklung eines einzelnen Individuums ausgerichtet ist. Es ist vielmehr ein betriebliches Instrument, das Ihnen konkrete Anhaltspunkte geben kann, um die Betriebliche Gesundheitsförderung zielgenau zu steuern.

Näheres siehe unter: Arbeit und Zukunft e.V. (o.J.) 🖥 III 01.

> Als Arbeitsbewältigungsfähigkeit gilt das Potenzial eines Men-schen, eine gegebene Aufgabe zu einem gegebenen Zeitpunkt zu bewältigen. Sie ist eine veränderliche und gestaltbare Größe, denn sie wird von den jeweiligen individuellen Kapazitäten und Ressourcen ebenso beeinflusst wie von den Arbeitsanforderungen.
>
> Befinden sich Person und Arbeit in einem ausgewogenen Passungsver-hältnis, liegt eine sehr gute bis gute Arbeitsfähigkeit vor.
>
> Passen Arbeit (Arbeitsanforderungen) und Person nicht gut zusammen, ist die Arbeitsbewältigungsfähigkeit mäßig bis kritisch.
>
> Die Arbeitsbewältigungsfähigkeit ist gefährdet, wenn ein Wandel der individuellen körperlichen, geistigen und psychischen Kapazitäten – wie z. B. beim Alterungsprozess – keine Anpassung der Arbeitsanforderungen nach sich zieht. Genauso erhöhen aber auch Defizite oder ein Mangel an Fördermaßnahmen auf der Ebene der Qualifikation, des sozialen Mitein-anders, der Arbeitsbedingungen oder des Gesundheitsschutzes die Wahr-scheinlichkeit von Arbeits- und Erwerbsunfähigkeit.

***Bei der Methode wird in folgenden Schritten vorgegangen:***

Zunächst erfolgen Absprachen mit Ihnen als Geschäftsführung, in größeren Unternehmen auch mit dem Betriebsrat und Fachkräften für Arbeitssicherheit und Arbeitsmedizin (z. B. in einem Projektsteuerkreis). Vereinbart werden u.a. die Zielausrichtung auf Maßnahmenumsetzung, Art und Reichweite der Mitarbeiterinformation, zeitlicher Ablauf und Datenschutz. Anschließend folgen die aufeinander aufbauenden Bausteine:

1. Das Serviceangebot an Beschäftigte

    Das persönlich-vertrauliche ab-c dauert ca. 60 Minuten pro Person. Dazu gehört eine individuelle Datenerhebung mittels des Work-Ability-Index (Arbeitsbewältigungsindex). Daran schließt sich die Erarbeitung von individuellen und betrieblichen Maßnahmen zur Sicherung, respektive Verbesserung der Arbeitsbewältigung an. Die wesentlichen Fragen lauten: Was kann ich tun?/Was brauche ich vom Betrieb? ... in den wesentlichen Gestaltungsbereichen (s. u.).

2. Die Beratung der betrieblichen Entscheidungsträger

    Mit der anonymen Zusammenfassung des Arbeitsbewältigungsstatus und der Förderbedarfe aus Sicht der Beschäftigten erhält der Betrieb eine konkrete Steuerungsgrundlage zur Förderung der Arbeitsbewältigungsfähigkeit der Gesamtbelegschaft. Ziel des betrieblichen „Arbeitsbewältigungs-Workshops" sind kollektive Maßnahmen.

    Die betrachteten individuellen und betrieblichen Gestaltungsbereiche sind:

    • Gesundheit (Person) + Gesundheitsförderung (Betrieb),
    • Betriebsklima und Arbeitsorganisation (Person) + Führungskultur (Betrieb),
    • Kompetenz (Person) + Personalentwicklung (Betrieb),
    • Arbeitsbedingungen (Person) + (ergonomische) Arbeitsgestaltung (Betrieb).

3. Die Beratung von regionalen/branchenbezogenen Institutionen

    Mit der anonymen Zusammenfassung des Arbeitsbewältigungsstatus und der Förderbedarfe aus Sicht der Beschäftigten und der Betriebe können zusätzlich Hinweise zur Gestaltung von Rahmenbedingungen erarbeitet werden. Dies kann für Regionen (z. B. mit Gebietskörperschaften, Verbänden, Kammern, Arbeitsagentur u.ä.m.), aber auch für Branchen (z. B. mit Kassen und Berufsgenossenschaft, Verbänden, Politik etc.) erfolgen.
    (vgl. INQA 2009/Ilmarinen; Tempel 2002b)

Das Befragungsinstrument, das als Grundlage für das Arbeitsbewältigungscoaching genutzt wird, ist der Work-Ability-Index (WAI).
Erläuterungen dazu finden Sie hier: Deutsches WAI-Netzwerk, 2008 🖥 III 02.

Sie können die Kurzform des WAI auch anonym für sich hier testen: InnoGema, 2010, 🖥 III 04.

> Unabhängig davon, welches Instrument Sie zum Einstieg in die Betriebliche Gesundheitsförderung nutzen – Impulsworkshop, Mitarbeiterbefragung oder AB-Coaching – kommunizieren Sie Ihren Mitarbeitern vorab, was Sie vorhaben, was Sie sich davon versprechen und dass Sie sich Beteiligung auch in der Organisation der Gesundheitsförderung wünschen.

Soweit zunächst einige Instrumente zur Beteiligung der Mitarbeiter und zur Analyse des Bedarfs im Unternehmen.

## Phase 2 – Werten Sie die Analyse aus

Grundsätzlich gilt: Die Beteiligung endet nicht bei der Abfrage von Bedarfen oder der Diskussion von Belastungsursachen. Nutzen Sie weiter die Betroffenheit und die Kompetenz Ihrer Mitarbeiter für die Veränderung der Verhältnisse. Zur gemeinsamen Beratung über die Analyseergebnisse sollten Sie Personal- bzw. Teamverantwortliche in einem Auswertungsworkshop zusammenholen. In Betrieben bis zu einer Größe von 20 Mitarbeitern kann gelegentlich auch die ganze Belegschaft in die Beratung einbezogen werden. Eine Reflektion der Daten und Erkenntnisse aus verschiedenen Blickwinkeln ist hilfreich, denn selten gibt es „die eine richtige" Interpretation. Sind sich aber die Beteiligten in der Ursachenbewertung weitgehend einig, gibt es eine gute Ausgangssituation für die Auswahl geeigneter Veränderungsmaßnahmen. Aus Ihrer Sicht als Unternehmer kann es hilfreich sein, die gemeinsame Ursachenreflektion gleich in einem Workshop in die Maßnahmenplanung münden zu lassen.

Nach der Analysephase ist der Auswertungsworkshop nun so etwas wie der Kulminationspunkt. Die Ergebnisse werden zusammengeführt und damit für Sie und alle Verantwortlichen und Beteiligten transparent. Daten werden nun interpretationsfähig und Herausforderungen können (möglichst lösungsgerecht) formuliert werden, damit sie schließlich in eine Maßnahmenplanung münden können. Zu unterscheiden ist nun:

### *Welche Erkenntnisse lassen verhaltensorientierte Maßnahmen erforderlich erscheinen?*

Die Befragung oder der offene Austausch im Impulsworkshop haben offengelegt, dass die Gesundheitskompetenz Ihrer Mitarbeiter gestärkt werden muss? Zeigen die Ergebnisse des AB-Coachings, dass Arbeitsbewältigungsfähigkeit einzelner Mitarbeitergruppen gestärkt werden sollte?

- Beispiel I: Bei überwiegend an Bildschirmarbeitsplätzen tätigen Mitarbeitern treten verstärkt Nacken- oder Rückenbeschwerden auf.
- Beispiel II: Mitarbeiter in der Bild- und Textbearbeitung im Großraumbüro klagen über häufige (Lärm-)Störungen durch Telefonate von Kollegen.
- Beispiel III: Möglichkeiten, sich in der Pause zu regenerieren und gesund zu ernähren, werden nicht genutzt.

Identifizieren Sie im Abgleich mit den Interessen und organisatorischen Möglichkeiten, was Sie den betroffenen Mitarbeitern anbieten können. Beziehen Sie in diese Überlegungen mit ein, wie sich Ihre Mitarbeiter aktiv beteiligen können.

Stellen Sie dann ein Programm zur Förderung der betrieblichen Gesundheit zusammen. Einzelne unterstützende Maßnahmen zur Stärkung der Mitarbeitergesundheit können bereits anlaufen, während an Lösungsansätzen für die identifizierten arbeitsorganisatorischen Problemstellungen gearbeitet wird.

*Welche Erkenntnisse lassen organisatorische Veränderungen erforderlich erscheinen?*

Ein Ergebnis des Impulsworkshops, der Mitarbeiterbefragung oder des Arbeitsbewältigungscoachings können Hinweise auf Belastungen sein, die immer wieder in spezifischen Abschnitten von Arbeitsabläufen oder in bestimmten personellen (Team-)Konstellationen auftreten.

- Beispiel I: Das Gespräch eines Mitarbeiters mit einem Kunden kann z. B. in ein Versprechen münden, die Leistung früher zu erbringen, als ursprünglich im Projektteam verabredet. Danach sind die Kollegen über das voreilige Zugeständnis erbost, denn es hat für sie Mehrarbeit und oft Stress zur Folge.
- Beispiel II: In einem anderen Fall kann eine ungenaue Auftragsklärung durch einen Projektleiter zu Reibereien mit Mitarbeitern führen, wenn diese klarere Vorgaben für ihre Tätigkeiten benötigen.
- Beispiel III: Zwischen zwei Mitarbeitern gibt es immer wieder Auseinandersetzungen über Zuständigkeiten oder über fehlende Absprachen, die Doppelarbeit verursachen.

siehe dazu „Prozessworkshop", Kapitel 6, S. 117

Es kann also um die Gestaltung technisch-organisatorischer Abläufe, um die Kommunikation zwischen Abteilungen oder Teams bzw. zwischen einzelnen Personen oder um Führungsfragen gehen. In einem Workshop mit allen Betroffenen können Sie solchen Problemstellungen genauer auf den Grund gehen, sie offen ansprechen und dann lösungsorientiert bearbeiten.

# Phase 3 – Planen Sie Maßnahmen und deren Umsetzung

### Gesundheitsprogramm planen (Verhaltensprävention)

Für die Verhaltensprävention stellen Sie am besten ein Gesundheitsprogramm zusammen, an dessen Umsetzung möglichst alle Mitarbeiter, auch Sie selbst, beteiligt sind. Fassen Sie in diesem Programm für alle transparent zusammen, welche Leistungen von externen Dienstleistern geordert werden sollen und wem die Teilnahme an welchen Maßnahmen ermöglicht werden soll.

siehe Kapitel 2, S. 31

Die Planung eines Gesundheitsprogramms umfasst Festlegungen darüber, was, wann und wie praktisch umgesetzt werden kann. Wichtigstes Kriterium für die Umsetzungsentscheidung ist aus Ihrer Sicht, wie die Teilnahme an Gesundheitsfördermaßnahmen durch die Mitarbeiter in die Arbeitsabläufe und Pausen eingepasst werden kann. Die gefundenen Lösungen sollten eine kontinuierliche Teilnahme der Mitarbeiter ermöglichen und dafür flexibel gestaltet werden.

### Lösungsorientiertes Herangehen

Wenn Sie vorab an die Fragen denken, die Sie in diesem Zusammenhang an sich oder zuständige Mitarbeiter stellen möchten, vermeiden Sie problemorientierte Fragen, sondern fragen Sie z. B.:

- Wie könnte das zu schaffen/zu regeln sein?
- Was würde es möglich machen, das Problem zu lösen?
- Was brauche ich ganz konkret, um damit umzugehen?
- Wer oder was könnte mir dabei helfen?
- Wie könnte der erste Schritt aussehen, um diese Schwierigkeit zu überwinden?

Damit motivieren Sie zudem andere, sich an einem lösungsorientierten Prozess zu beteiligen.

| Beispielhafte Darstellung der Planung eines Gesundheitsprogramms | | | |
|---|---|---|---|
| Gesundheitsmaßnahme/ Durchführungsort | Beteiligte Mitarbeiter | Datum | Zuständig |
| Stressbewältigungstraining (im Besprechungsraum) | A, B, C, D, E | 15.05. – 16–19 Uhr | D |
| Aktives Sitzen (Anleitung am Arbeitsplatz) | Alle | Ab 01.03. | S |
| Lauftraining (Parkanlage in der Nähe) | C, E, F, G, H | 1 x pro Woche ab 1.4. | H |

**Abb. 11: Beispielhafte Darstellung eines Gesundheitsprogramms**
*Quelle: Eigene Darstellung*

### Organisatorische Veränderungen anstoßen (Verhältnisprävention)

siehe
Kapitel 2,
S. 31

Die vorher durchgeführte Analyse kann auch ans Licht bringen, dass Veränderungen in der Arbeitsorganisation, also im Bereich der Verhältnisprävention, überlegt werden sollten. So kann es sein, dass Arbeitsprozesse optimiert, Zuständigkeiten verändert oder Schnittstellen präziser definiert werden müssen. Entwickeln Sie dazu gemeinsam mit den Verantwortlichen Alternativen. Damit diese praxistauglich sind, müssen die betroffenen Mitarbeiter einbezogen werden. Stellen Sie dazu eine Projekt- oder Arbeitsgruppe zusammen, in der sie gemeinsam neue Lösungswege diskutieren können.

näheres
dazu siehe
Kapitel 6,
S. 109

Wurden neue Lösungswege erarbeitet, dann müssen diese transparent dargestellt werden. Haben Sie z. B. einen neuen Ablauf festgelegt, kommunizieren Sie allen Mitarbeitern, dass eine neue Regelung eingeführt wird oder einzelnen Mitarbeitern neue Verantwortung übertragen wurde. Setzen Sie schließlich einen Termin, zu dem Sie später bewerten – ob in einer Teamsitzung oder einem Mitarbeitergespräch –, wie sich die neue Regelung oder Zuständigkeit bewährt hat.

## Phase 4 – Evaluieren und bewerten Sie die Maßnahmen

Jede durchgeführte Maßnahme, die schließlich Ressourceneinsatz erfordert hat, sollte bewertet werden. Bei Gesundheitsfördermaßnahmen ist dies methodisch nicht ganz einfach und auch nicht kurzfristig möglich. Bewertet werden kann zunächst, wie die Maßnahme von den Mitarbeitern aufgegriffen und wie der Gesundheitsdienstleister von ihnen bewertet wurde. Holen Sie dazu also ein Feedback ein. Die körperliche und seelische Wirkung von Rückenschule, anderen gesundheitsfördernden Kursen oder Stressbewältigungsseminaren ist nur über längere Zeiträume bewertbar. So lässt sich beispielsweise messen oder durch Befragung erheben, ob Ihre Mitarbeiter weniger Symptome zeigen oder stressresistenter geworden sind. Methodisch schwierig bleibt dabei, einen kausalen Zusammenhang zwischen Linderung vorher festgestellter Beschwerden und der Durchführung eines spezifischen Gesundheitskurses herzustellen. Das sollte Sie aber nicht dazu veranlassen, gleich ganz auf die Durchführung zu verzichten. Vielmehr lohnt es sich erfahrungsgemäß, auf die Rückmeldungen Ihrer Mitarbeiter zu vertrauen. Sie können erneut eine Befragung durchführen, die im Vergleich zur ersten offenbaren kann, welche Maßnahmen, ob Gesundheitskurs oder organisatorische Veränderung – zur Steigerung der Arbeitsfähigkeit und mehr Wohlbefinden beigetragen hat. Geben Ihre Mitarbeiter z.B. mehrheitlich an, dass sich eine neue Zuständigkeitsregelung oder ein geänderter Arbeitsablauf bewährt haben, ist erkennbar, dass Sie wirklich eine Ursache für Stress beseitigen konnten.

Schließlich sollten Sie die Rückmeldungen Ihrer Mitarbeiter auch zur Bewertung der Leistungen des eingesetzten Gesundheitsdienstleisters verwerten. Sammeln Sie das entsprechende Feedback Ihrer Mitarbeiter ein und wechseln Sie, wenn es negativ ausgefallen ist, den Anbieter. Dazu können Sie Feedbackbögen nutzen oder durch einen Mitarbeiter (z.B. einen Promotor siehe Phase 5) die Informationen einsammeln lassen.

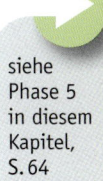

siehe Phase 5 in diesem Kapitel, S. 64

## Phase 5 – Verstetigen Sie die Gesundheitsförderung

Gesundheitsförderung ist auf lange Sicht nur erfolgreich, wenn sie nicht nur im Führungsstil sondern auch systematisch in den betrieblichen Abläufen verankert wird. Dazu sollten entsprechende Gremien geschaffen und persönliche Verantwortlichkeiten festgelegt werden.

Wenn Sie die Notwendigkeit erkannt haben, die Gesundheit Ihrer Mitarbeiter langfristig im Auge zu behalten, lesen Sie weiter, wie Sie mit der Einrichtung von Gesundheitszirkeln und/oder durch die Ernennung von Gesundheitspromotoren die Nachhaltigkeit Ihrer betrieblichen Gesundheitsförderung sichern können.

### Gesundheitszirkel einrichten

Eine systematische, partizipative Form der Umsetzung betrieblicher Gesundheitsförderung ist der sogenannte Gesundheitszirkel, für den wir im Folgenden ein in kleineren Unternehmen praktikables Modell darstellen. An Stelle einer, wenn auch umfassenderen, aber anonymeren Erhebung per Fragebogen, entwickeln hier Mitarbeiter von Beginn an gemeinsam eine Belastungs- und Ressourcenanalyse. Vorteil ist, dass sie von Anfang an persönlich involviert sind und ihr Know-how bzw. ihre konkreten Erfahrungen einbringen. Die Zirkelarbeit zielt auf die Identifikation von Lösungsansätzen, die dann den Entscheidern unterbreitet werden.

Zunächst ist ein Gesundheitszirkel nichts anderes, als die Bildung einer Arbeitsgruppe aus Trägern unterschiedlichen Erfahrungswissens im Betrieb, die an einen Tisch geholt werden, um das Thema Gesundheit zu erörtern und aus verschiedenen Perspektiven zu beleuchten. Er trifft sich ca. 4–8 Mal (je nach Bedarf) im Zeitraum eines Jahres (vgl. Badura et al., 2010).

Mit Gesundheitszirkeln wird nicht nur das Ziel verfolgt, ergonomische Mängel zu beheben, also vorrangig technische Lösungen zu entwickeln, um gesundheitliche Schäden zu vermeiden. Es geht auch darum, die Sprachlosigkeit über Belastungen oder Gesundheitsprobleme im Unternehmen anzugehen, die möglicherweise dafür gesorgt hat, dass gesundheitliche Beeinträchtigungen bisher nicht thematisiert wurden und daher über längere Zeiträume verdrängt werden konnten. Das Reden über die Arbeitssituation erhält so einen Raum, kann Schritt für Schritt weiterentwickelt werden und ermöglicht mit der Zeit allen Beteiligten eine ganzheitliche Sicht auf die Zusammenhänge. So wird eine wichtige Voraussetzung für eine andere Umgangsweise mit gesundheitlichen Belastungen geschaffen (vgl. Lehmann et al., 2008b).

> Gesundheitszirkel stellen eine geeignete Organisationsform dar, um kontinuierlich etwas für die Gesundheitsförderung im Unternehmen zu tun und das Bewusstsein im Unternehmen für die Arbeitsbelastung, die Ressourcen und die Notwendigkeit der Gesundheitserhaltung dauerhaft zu schärfen.

Die Zusammensetzung eines Gesundheitszirkels hängt u.a. von der Größe der Organisation und der Motivation der Mitarbeiter ab. Idealerweise sollten nicht mehr als 5–8 Beschäftigte daran teilnehmen, moderiert würde er am besten durch einen externen Moderator, weil dieser unbefangen und neutral ist. In Kleinstbetrieben bestünde die Möglichkeit, alle im regelmäßigen Turnus am Gesundheitszirkel teilnehmen zu lassen. In Klein- und Mittelbetrieben empfiehlt es sich, Mitarbeiter aus unterschiedlichen Bereichen oder Teams in den Gesundheitszirkel zu integrieren. Besonders wichtig ist, dass jeder einzelne Mitarbeiter im Unternehmen die Möglichkeit hat, seine empfundenen Belastungen und Probleme direkt zu äußern oder indirekt über die Teilnehmer des Gesundheitszirkels zu kommunizieren. Es müssen Kanäle geschaffen werden, ihre Probleme zu erfassen (z. B. direkte Ansprache eines Mitgliedes des Gesundheitszirkels, anonyme Weitergabe des Problems). Das Erfahrungswissen der Mitglieder verschiedener Teams oder Projektgruppen ist entscheidend für die Zirkelarbeit, um die Arbeitsbelastungen und Beanspruchungen herauszuarbeiten und Verbesserungsvorschläge machen zu können. Sie als Geschäftsführer erhalten über die Zirkelarbeit und dank einer dort gepflegten offenen Kommunikation die wichtigsten Anhaltspunkte für wirkungsvolle Maßnahmen. In Ihrer Verantwortung liegt es, diese auch umzusetzen. Bei günstigen Rahmenbedingungen sind die Mitarbeiter auch in dieser Phase aktiv.

Eine Möglichkeit die Zirkelarbeit zu verstetigen und methodisch zu begleiten besteht darin, einen Mitarbeiter zum Promotor für das Thema Gesundheitsförderung zu ernennen. Am besten handelt es sich dabei um einen Mitarbeiter, der von sich aus am Thema interessiert ist und sich eventuell schon seit längerem für andere Querschnittsthemen einsetzt (z. B. Qualitätsmanagement, Arbeitsschutz). Diese Person könnte inhaltlich und methodisch geschult werden und auch den Gesundheitszirkel moderieren.

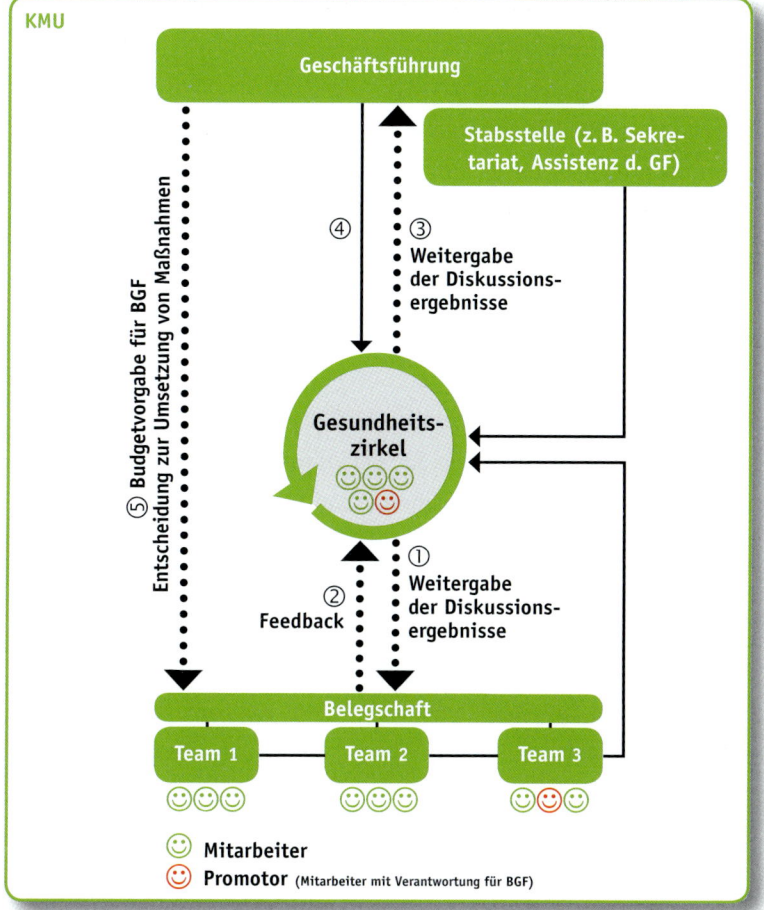

**Abb. 12: Beispielhafter Ablauf eines Gesundheitszirkels**
Quelle: Eigene Darstellung

Wie läuft nun ein Gesundheitszirkel ab? Ein Beispiel: Angenommen Ihr Unternehmen hat zwischen 15–50 Mitarbeiter, die in verschiedenen Projektteams tätig sind. Jedes Team entsendet einen Mitarbeiter in den Gesundheitszirkel. Gibt es sehr unterschiedliche Tätigkeitsfelder, z.B. Grafik, Texten oder Softwareentwicklung, ist wichtig, dass aus diesen Bereichen jeweils Mitarbeiter vertreten sind. Dazu kommt auch das Sekretariat (Stabsstelle), das nicht nur ein spezifisch anderes Belastungsprofil haben dürfte, sondern in Zukunft voraussichtlich auch für die Organisation der Gesundheitsförderung wichtige Funktionen übernehmen wird. Beteiligt werden sollten mindestens ein oder zwei Projektleiter, damit die Perspektive der Hauptverantwortlichen für Akquise und Umsatz integriert werden kann.

Der Gesundheitszirkel greift die Ergebnisse aus der Analyse (Phase 1) auf, erarbeitet eine Analyse der Belastungssituationen und Vorschläge für organisatorische Veränderungen und für gesundheitsfördernde Maßnahmen. Diese werden durch Protokolle (①) an die Gesamtbelegschaft weitergegeben, damit die anderen Mitarbeiter Gelegenheit haben, Stellung zu nehmen (②). Diese können also ihren Kollegen oder den Promotor ansprechen, damit auch ihr bisher vielleicht nicht ausreichend berücksichtigtes Thema aufgenommen werden kann. Die Ergebnisse der Zirkelarbeit werden auch an Sie als Geschäftsführer weitergegeben(③), damit Sie über diskutierte Problemstellungen und Lösungsvorschläge informiert sind. Damit Sie zu den Vorschlägen aus der Belegschaft Stellung nehmen können, sollten Sie gelegentlich am Gesundheitszirkel teilnehmen (④). Wenn Sie sich an der Zirkelarbeit beteiligen, wird die partizipative Erarbeitung von Lösungen gestärkt. Zugleich sind Sie direkt an dem Prozess beteiligt und können die Rahmenbedingungen klären bzw. auf bestimmte Voraussetzungen aufmerksam machen, die für die Umsetzung der Maßnahmen notwendig sind. Zum anderen steigt die Verbindlichkeit der Maßnahmenumsetzung, wenn die Leitungsebene ab und zu an der Zirkelarbeit teilnimmt. Dennoch ist anzumerken, dass nur Ihre gelegentliche Teilnahme zu empfehlen ist, denn manche Mitarbeiter äußern sich vielleicht weniger offen in Anwesenheit der Geschäftsführung. Des Weiteren sollten die Verantwortlichkeiten des Gesundheitszirkels, auch wenn Sie dabei sind, bestehen bleiben d. h. dass der Moderator weiterhin die Zirkelarbeit leitet und Sie nicht die „Führung" übernehmen (vgl. Lehmann; Deplazes, 2008b, S. 118). Nachdem Sie im Gesundheitszirkel die Maßnahmenplanung unterstützt haben, können Sie z.B. in einer Versammlung der Gesamtbelegschaft oder über die betriebsintern üblichen Kommunikationswege die Gelegenheit nutzen, die Rahmenbedingungen für die Umsetzung von Veränderungsprozessen zu erklären, die erforderlichen Prioritäten zu setzen oder zur Durchführung von Gesundheitsmaßnahmen Stellung zu nehmen (⑤).

> **Ausgewählte Gruppenregeln für den Gesundheitszirkel**
>
> 1. Jeder kann seine Meinung frei äußern und ausreden.
> 2. Meinungen werden nicht der Person angelastet. Die Teilnehmenden sind als Beauftragte in die Gesundheitszirkel gewählt worden.
> 3. Was in der Gruppe gesagt wird, bleibt in der Gruppe. Vertrauliche Informationen werden nicht weitergegeben.
> 4. Es sollen gemeinsame Vorschläge erarbeitet werden: Praxisnahe Lösungsvorschläge haben größere Umsetzungschancen. Aber nicht immer können alle umgesetzt werden.
> 5. Die Teilnahme an den Gesundheitszirkeln sollte regelmäßig sein: Diese Regel soll die Kontinuität der Arbeit sicherstellen. (vgl. Gesellschaft Arbeit und Ergonomie, 2009b, 🖥 III 03).

Behalten Sie auch nach Beendigung der ersten Phase der Gesundheitszirkel im Auge, dass die Gesundheitsthematik regelmäßig wieder auf der Tagesordnung steht. Dazu können Sie Fragen zur Gesundheit turnusgemäß in Teamsitzungen aufgreifen oder Sie beleben die Gesundheitszirkel nach einer Phase der Maßnahmendurchführung neu.

Greifen Sie die Vorschläge aus der Belegschaft auf und zeigen Sie Ihren Mitarbeitern, welche Maßnahmen Sie für praktikabel halten und welche Sie unterstützen werden.

### Gesundheitspromotoren einsetzen

Nachdem der Bedarf erhoben und dann erste Gesundheitsfördermaßnahmen durchgeführt wurden, können Sie nun den nächsten Schritt gehen: Sorgen Sie dafür, dass das Thema Gesundheit auf der Tagesordnung bleibt und entwickeln Sie dafür Routinen. Es ist hilfreich, außer Ihnen als Vorreiter eine oder mehrere Mitarbeiter im Unternehmen zu haben, die von sich aus Interesse daran haben, als Promotor für dieses Thema zur Verfügung zu stehen.

Um das Thema Gesundheitsförderung nachhaltig gestalten zu können, ist es sinnvoll in den Unternehmen Promotoren zu gewinnen, die als Ansprechpartner für die Kollegen zur Verfügung stehen und dafür sorgen, dass das Thema nicht aus den Augen verloren wird.

Als Promotor geeignet ist eine Person, der auch persönlich das Thema Gesundheit wichtig ist, die kommunikativ ist und über eigene Erfahrungen und ein Basiswissen zu gesundheitlichen Zusammenhängen verfügt.
Zur Promotorenrolle gehört:

• Er ist Ansprechpartner für die Kollegen und informiert über neue Gesundheitsdienstleistungen, Angebote, Aktionen, Veranstaltungen etc.
Er ist Ansprechpartner für die Geschäftsführung zur Planung der erforderlichen Maßnahmen und Kommunikator für die Interessen der Kollegen sowie deren Bewertung der bereits genutzten Dienstleistungen.

Er ist Ansprechpartner für Gesundheitsdienstleister oder die Agentur des Netzwerks (Service-Center Gesundheitsförderung).

- Er sensibilisiert und motiviert Kollegen und vermittelt Anreize für die Teilnahme an Gesundheitsdienstleistungen.
- Er leitet Kollegen am Arbeitsplatz zu gesundheitsfördernden Übungen an.
- Er regt die Kommunikation unter den Kollegen („Gutes Betriebsklima") auch zu Gesundheitsbelastungen oder positiven Erfahrungen an.
- Er unterstützt die Teilnahme an Gesundheitsveranstaltungen.

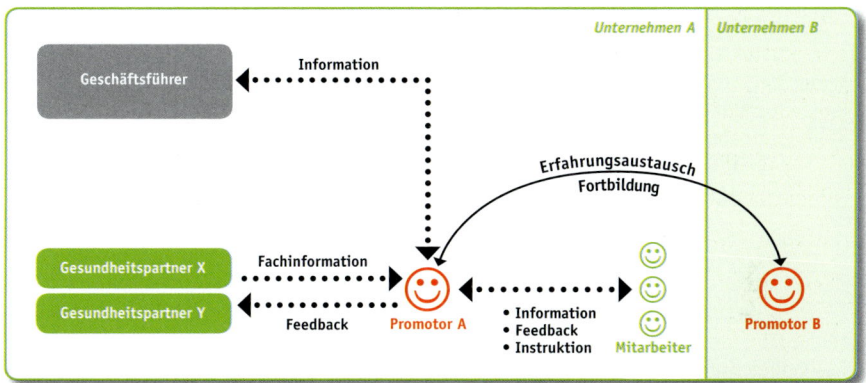

**Abb. 13: Funktion eines Promotors für Betriebliche Gesundheitsförderung**
*Quelle: Eigene Darstellung*

Von Unternehmensseite her ist es erforderlich, Promotoren den Zugang zu Information und Weiterbildung zu ermöglichen. Für Kleinunternehmen bietet sich dazu eine Lösung an, wie sie z. B. InnoGema im Rahmen seines Netzwerks etabliert: Ein Aufbautraining für Promotoren in mehreren Modulen, in denen Kenntnisse zu Gesundheitsförderung und Kommunikationsstrategien vermittelt werden. Die ebenfalls im Netzwerk vertretenen Gesundheitsdienstleister sind zugleich Garanten für eine entsprechend fachkundige Fortbildung zu den medizinisch relevanten Wissensbereichen.

Überlegen Sie, wer von Ihren Mitarbeitern für eine solche Funktion in Frage käme und diese Rolle ausfüllen könnte. Sprechen Sie ihn an, um herauszufinden, ob er daran Interesse hat. Überlegen Sie, welchen Unterstützungsbedarf diese Person hat. Beziehen Sie die zuständige Person, ebenso wie Abteilungs- oder Projektleiter in die Planung der Gesundheitsförderung ein.

siehe Kapitel 8, S. 153

Schauen Sie sich nach geeigneten Fortbildungen für Ihre Promotoren um. Im Rahmen des InnoGema-Projekts wurde beispielhaft ein Curriculum für eine Promotorenfortbildung entwickelt.

| Module einer Promotorenfortbildung nach dem InnoGema-Modell | |
|---|---|
| Modul I Betriebliche Gesundheit in Kleinunternehmen | Was ist Betriebliche Gesundheitsförderung? BGF in der Kooperation zwischen verschiedenen Akteuren Was bringt BGF in Kleinunternehmen? Zwecke und was realistisch erreichbar ist (aktuelle wissenschaftliche Erkenntnisse zur betrieblichen Gesundheitsprävention) |
| Modul II Problemstellungen in Kleinunternehmen | Ist-Situation/Trends: Basisinformationen über häufig auftretende Belastungen, Beanspruchungen und Ressourcen (aktuelle wissenschaftliche Erkenntnisse zur betrieblichen Gesundheitsprävention) |
| Modul III Gesundheitsinformation | Basiswissen zu körperlicher Fitness, Entspannung, Ernährung und Pausengestaltung, Bsp. Was ist gesund, schmeckt und ist leicht zuzubereiten? Vermeidung von Haltungsschäden und Verspannungen, Bsp. Was kann ich am Arbeitsplatz zur Entspannung/für den Rücken tun? Zur Verbesserung der allgemeinen Fitness Bsp. Wie kann ich etwas für Herz und Kreislauf tun (ohne durch ein zusätzliches Fitnessprogramm meinen Stress zu erhöhen)? Für Entspannung und Stressabbau Bsp: Wie erkenne ich Stress/Burnout? Welche Stressbewältigungsmethode passt zu mir? |
| Modul IV Kommunikationsstrategie | Rollenverständnis/Stellung von Promotoren und Aufgaben Wie kann Gesundheit im Unternehmen kommuniziert werden? Wie können Kollegen angesprochen und motiviert werden? Training zur zielgruppengenauen Ansprache, Motivation und Information |
| Modul V Gesundheitsdienstleistungen | Angebote aus dem Netzwerk kennen lernen z. B. Was ist Tai Chi, QiGong, Feldenkrais, MBSR usw.? Wozu dient es? Wann ist es für wen geeignet? Worauf muss man besonders achten? |

**Abb. 14: Module für eine Schulung von Promotoren für Betriebliche Gesundheitsförderung**
Quelle: Eigene Darstellung

Insbesondere als Kleinunternehmer müssen Sie die hier vorgeschlagene, pha-
senweise Einführung der Gesundheitsförderung nicht alleine bewerkstelligen. Es
macht für Sie Sinn zu überlegen, wie Sie den organisatorischen Aufwand begren-
zen und welche Partner Ihnen dabei helfen können. Im folgenden Kapitel machen
wir Ihnen Vorschläge, von welchen Partnern Sie sich Unterstützung holen können.

*3*

Einstieg i. Thema

Inhalt

Inhalte erarbeiten lassen

Inhalte

Inhalte vermitteln

aussh...

# Kapitel 4
## Unterstützung für Kleinunternehmen

Wenn Sie den bisherigen Ausführungen gefolgt sind, dann haben Sie schon einen Eindruck davon bekommen, wie umfassend das Themenfeld Betriebliche Gesundheitsförderung ist. Als Führungskraft bzw. Personalverantwortlicher denken Sie nun vielleicht: Das ist für mein kleines Unternehmen viel zu viel. Oder: Das kann ich gar nicht alles allein bewältigen.

Ganz sicher sind Sie mit diesem Gefühl nicht allein. Schauen bzw. hören Sie sich einmal um!

Auch Ihr Zulieferer oder Ihr Kunde haben vielleicht schon erste Erfahrungen mit der Betrieblichen Gesundheitsförderung gemacht. Eventuell war schon einmal ein Masseur im Haus, es gab einen Vortrag zu gesunder Ernährung oder eine Gruppe hat sich gemeinsam das Rauchen abgewöhnt.

Mittlerweile finden sich in sehr vielen Unternehmen fördernde Ansätze für die Gesunderhaltung der Mitarbeiter. Einige haben aber auch schon die Enttäuschung erlebt, wenn bei einem zweiten oder dritten Kursangebot immer weniger Teilnehmer zu gewinnen waren und die Angebote schließlich, mangels Interesse der Mitarbeiter, wieder eingestellt werden mussten.

> Die Betriebliche Gesundheitsförderung ist kein Sprint, sondern ein Dauerlauf! Auf die richtige Schrittfolge und Durchhaltevermögen kommt es an. Und: Der Spaßfaktor sollte nicht zu kurz kommen.

Es bedarf vieler kleiner Schritte, am Anfang auch öfter mal einer Pause, aber vor allem viel Überwindung und Durchhaltevermögen, um die Gesundheitsförderung dauerhaft in den betrieblichen Ablauf zu integrieren. Schließlich geht es auch darum, das eigene Verhalten zu überdenken und oft über einen langen Zeitraum antrainierte Gewohnheiten zu „verlernen". Diejenigen, die immer wieder versuchen, die Hürde vom Raucher zum Nichtraucher zu überwinden, wissen wovon die Rede ist.

In diesem Kapitel finden Sie dazu Informationen.

> Suchen Sie sich Partner/Unterstützer auf diesem Weg. Holen Sie
> sich Know-how ein, tauschen Sie Erfahrungen aus und motivieren
> Sie sich gegenseitig.

### *Sie sind nicht auf sich selbst gestellt*

Die Gesunderhaltung Ihrer Mitarbeiter liegt durchaus auch im (volks)wirtschaft-
lichen Interesse, weshalb Ihre Bemühungen auf diesem Gebiet von vielen Organisationen unterstützt werden:

1. Die gesetzlichen Krankenversicherungen haben per Gesetz einen Präventi-
   onsauftrag und rechnen bei der Betrieblichen Gesundheitsförderung mit der
   Unterstützung des Arbeitsgebers, um die Gesundheit der Beschäftigten zu
   erhalten und damit ihre Ausgaben zu senken.
2. Die Unfallversicherungsträger sind an der Vermeidung arbeitsbedingter
   Erkrankungen interessiert.
3. Schwere bzw. dauerhafte Erkrankungen, die zu Arbeitsunfähigkeit führen,
   belasten auch die Kassen der Rentenversicherungsträger, weshalb diese Ihnen
   Unterstützung bei der Betrieblichen Wiedereingliederung bieten.
4. Auch Kammern und Verbände unterstützen Sie, da immer mehr Unternehmen (und damit deren Mitglieder) dieses Thema für sich erschließen und um
   Unterstützung nachfragen.
5. Der Staat möchte zum einen Kosten sparen, indem er die Arbeitsunfähigkeit
   oder gar die Frühverrentung der Erwerbstätigen vermeidet. Zum anderen tragen gesunde Beschäftigte in gesunden Unternehmen wesentlich zur Wettbewerbsfähigkeit der deutschen Wirtschaft bei.
6. Das Interesse des Staates wird auch in den zahlreichen Forschungs- und Beratungseinrichtungen sichtbar, die zum Teil als Institutionen gefördert werden
   oder aber für Projekte Fördergelder aus verschiedenen Programmen erhalten.
   Sie haben eine große Menge Know-how erarbeitet, dass sie Unternehmen wie
   Ihren gern zur Verfügung stellen.

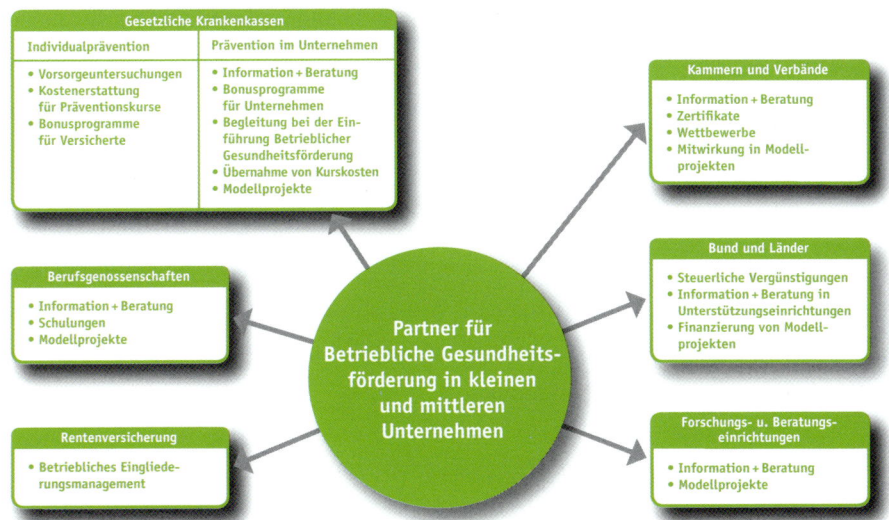

**Abb. 15: Überbetriebliche Unterstützung für Betriebliche Gesundheitsförderung**
Quelle: Eigene Darstellung

# Die Gesetzliche Krankenversicherung

In § 20 a des Fünften Sozialgesetzbuches heißt es:

*„(1) Die Krankenkassen erbringen Leistungen zur Gesundheitsförderung in Betrieben (Betriebliche Gesundheitsförderung), um unter Beteiligung der Versicherten und der Verantwortlichen für den Betrieb die gesundheitliche Situation einschließlich ihrer Risiken und Potenziale zu erheben und Vorschläge zur Verbesserung der gesundheitlichen Situation sowie zur Stärkung der gesundheitlichen Ressourcen und Fähigkeiten zu entwickeln und deren Umsetzung zu unterstützen. [...]*

*(2) Bei der Wahrnehmung von Aufgaben nach Absatz 1 arbeiten die Krankenkassen mit dem zuständigen Unfallversicherungsträger zusammen. Sie können Aufgaben nach Absatz 1 durch andere Krankenkassen, durch ihre Verbände oder durch zu diesem Zweck gebildete Arbeitsgemeinschaften (Beauftragte) mit deren Zustimmung wahrnehmen lassen und sollen bei der Aufgabenwahrnehmung mit anderen Krankenkassen zusammenarbeiten.“*

Sie werden bei einer Gesetzlichen Krankenversicherung immer einen Ansprechpartner für Betriebliche Gesundheitsförderung finden, oft sogar eine ganze Abteilung. Einen guten Rat, entsprechende Merkblätter oder aber Informationen über Erfahrungen stellt man Ihnen gern zur Verfügung.

Oft ist auch möglich, eine Krankenkasse für die Unterstützung bei der Organisation und Durchführung eines Gesundheitstages oder aber von Gesundheitschecks für Ihre Beschäftigten zu gewinnen. In etwas größeren Unternehmen kann auch eine Bestandsaufnahme der Arbeitsunfähigkeitstage und ihrer Gründe durch die Krankenkasse(n) durchgeführt werden und es ist möglich, dass Sie einen Gesundheitsbericht erhalten.

### Betrieblicher Gesundheitsbericht

In einem betrieblichen Gesundheitsbericht werden die Arbeitsunfähigkeitsdaten (AU) der Versicherten über die jeweiligen Krankenkassen analysiert. Er soll Auskunft über den Gesundheitszustand der Belegschaft und Belastungsschwerpunkte im Unternehmen geben. Diese Bestandsaufnahme erleichtert es, Maßnahmen zur betrieblichen Gesundheitsförderung zu ergreifen. Allerdings reichen AU-Daten alleine als Grundlage zur Planung von Gesundheitsfördermaßnahmen nicht aus, denn sie berücksichtigen nicht, dass auch Mitarbeiter zur Arbeit gehen, obwohl sie krank oder überfordert sind (Präsentismus).

Aus Datenschutzgründen ist eine Auswertung aber erst ab einer Zahl von 50 Versicherten einer Krankenkasse möglich, so dass diese Dienstleistung für kleinere Unternehmen nicht zur Verfügung gestellt werden kann.

Die Ausgaben einer Gesetzlichen Krankenkasse unterliegen einer strengen Kontrolle, da es sich hierbei um Körperschaften öffentlichen Rechts handelt. Der Gesetzgeber hat für Prävention eine Ausgabenrichtgröße von 2,78 Euro pro Versichertem der jeweiligen Krankenkasse festgelegt. Die Gesetzlichen Krankenkassen haben diesen Betrag in 2008 deutlich überschritten und für Prävention (enthält auch die Krebsfrüherkennung, Zahnvorsorge, Schwangeren- und Kindervorsorge, die Schutzimpfungen und den zweijährlichen Check-up für Personen ab einem Alter von mind. 35 Jahren 340 Millionen Euro ausgegeben. Das entspricht einer Größenordnung von 4,83 Euro pro Versichertem. Bei der Einführung bzw. Umsetzung der Betrieblichen Gesundheitsförderung wurden im Jahr 2008 3.423 BGF-Dokumentationsbögen erfasst. Bei etwa 3,5 Millionen in Deutschland registrierten Unternehmen konnte so jedes 1000. Unternehmen die Unterstützung einer Gesetzlichen Krankenkasse in Anspruch nehmen.

Diese Tatsachen helfen Ihnen vielleicht zu verstehen, warum Ihre Anfrage nach Unterstützung durch eine Gesetzliche Krankenkasse nicht immer in dem von Ihnen gewünschten Umfang bearbeitet wird.

Mit Bonusprogrammen wollen die Gesetzlichen Krankenversicherungen Anreize für gesundheitsbewusstes Verhalten schaffen. Sie sprechen unterschiedliche Ebenen an.

Zum einen den so genannten „Setting"-Ansatz: Hier wird Gesundheitsvorsorge im Umfeld der Menschen betrieben, zum Beispiel in der Schule oder am Arbeits-

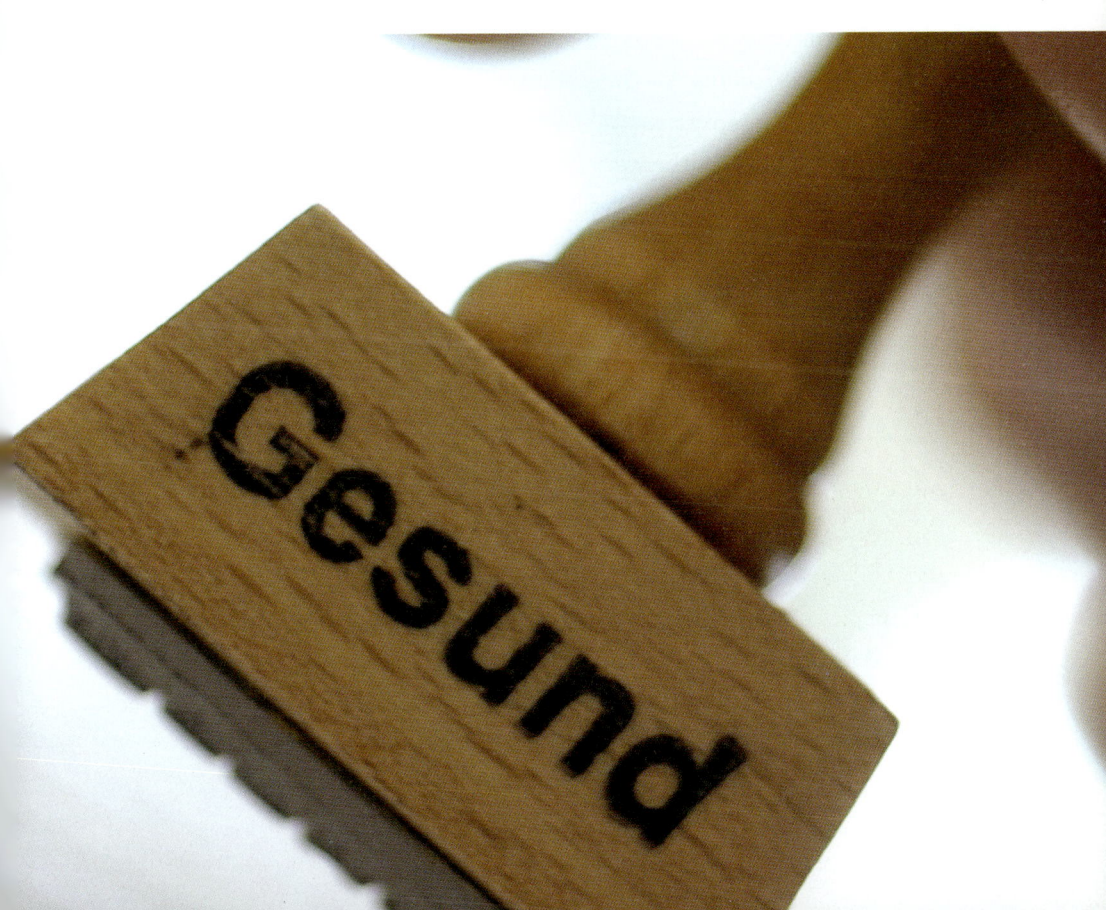

platz. Diesem Ansatz sind alle Instrumente der Betrieblichen Gesundheitsförderung zuzuordnen.

Zum anderen den „individuellen Ansatz": Hier wird der Einzelne angesprochen. Dieser Teil des Programms richtet sich an jeden (gesunden) Versicherten. Die Krankenkassen entscheiden selbst, worauf sie den Schwerpunkt ihrer Präventionsarbeit legen. Es gibt kein gesetzlich garantiertes Recht auf Präventionsförderung für den Einzelnen! Üblicherweise werden

- die Kosten für verschiedene Vorsorgeuntersuchungen übernommen
- Präventionskurse teilweise bezahlt
- Gesundheitsförderliche Verhaltensweisen mit Geldbeträgen und/oder Sachleistungen belohnt.

### Vorsorgeuntersuchungen

Zu den Präventionsleistungen, die direkt auf den einzelnen Versicherten abstellen, zählen neben den Impfungen auch regelmäßige Gesundheitskontrollen, wie Vorsorgeuntersuchungen, und umfassendere Check-ups des Gesundheitszustandes.

Als Arbeitgeber sollten Sie Ihre Mitarbeiter motivieren, diese Angebote der Gesetzlichen Krankenkassen wahrzunehmen, denn jede rechtzeitig erkannte Erkrankung kann möglicherweise schlimmere Auswirkungen vermeiden. Auch wird so frühzeitig erkannt, ob der Beschäftigte seine Arbeit noch längere Zeit so ausführen kann oder ob z. B. eine ergonomischere Einrichtung des Arbeitsplatzes eine drohende Arbeitsunfähigkeit abwenden kann.

### Kostenerstattung für Präventionskurse

Die meisten Krankenkassen bieten ihren Versicherten an, in der Regel pro Jahr zwei Kurse aus einem der vier Handlungsfelder (Stressbewältigung/Entspannung, Ernährung, Bewegung, Suchtprävention) zu belegen. Die Kurse bestehen normalerweise aus 8 bis 12 Einheiten, die über mehrere Wochen verteilt stattfinden. Manche Kassen bezuschussen auch die Teilnahme an vier oder fünf solchen Kursprogrammen pro Jahr.

Für die Versicherten sind die Kurse manchmal kostenlos, gelegentlich müssen 10 bis zu 20 % der Gebühren aus eigener Tasche bezahlt werden. Es gilt allerdings eine Obergrenze zwischen 75 und 100 Euro je Kurs, die übernommen wird (vgl. Krankenkassen Deutschland, 2010, 🖥 IV 04).

Mit der Auswahl des geeigneten Kurses wird der Versicherte aber meist allein gelassen. Lediglich die Qualität des Anbieters und des Kurses wird durch eine umfängliche Prüfung seitens der Krankenkassen sichergestellt.

### Bonusprogramme für Versicherte

Versicherte, die sich im Verlaufe eines Jahres gesundheitsbewusst verhalten, d. h. die Vorsorgeuntersuchung wahrnehmen, an Kursen teilnehmen, Impfungen in Anspruch nehmen u.ä., erhalten häufig von ihrer Krankenkasse im Rahmen eines Bonusprogrammes eine Vergütung in Form von Geldleistungen oder Sachgütern.

### Bonusprogramme für Unternehmen

Im Rahmen des oben beschriebenen Settingansatzes (Arbeitsumfeld der Versicherten) können auch Unternehmen an einem solchen Bonusprogramm teilnehmen. Hier hat jede Gesetzliche Krankenkasse ein eigenes System entwickelt.

Grundsätzlich gilt: Wenden Sie sich mit Ihrer Bitte um Unterstützung an die Krankenkasse, bei der die meisten Ihrer Beschäftigten versichert sind.

Verschiedene Krankenkassen bieten die Begleitung und Beratung bei der Einführung von Gesundheitsförderung an. Voraussetzung dafür ist, dass sich das Unternehmen entsprechend beteiligt. Im Falle einer erfolgreichen Umsetzung kann ein Teil dieses Eigenanteiles zweckgebunden zurückerstattet werden (z. B. bei der Techniker Krankenkasse und bei der KKH Allianz). Die KKH Allianz gewährt beispielsweise nach vertraglicher Vereinbarung einen Bonus, wenn neben einer vertrauensvollen Zusammenarbeit folgende Voraussetzungen erfüllt sind:

- Der Arbeitgeber investiert mit personellen und finanziellen Ressourcen in die Betriebliche Gesundheitsförderung und verankert diese dauerhaft im Unternehmen. Das kann mit einer Betriebsvereinbarung oder mit dem Aufbau von Strukturen wie z. B. einem Gesundheitszirkel erfolgen.
- Außerdem müssen die durchgeführten Maßnahmen erfolgreich gewesen sein und zu Einsparungen geführt haben. Diese sind z. B. über einen Rückgang der Arbeitsunfähigkeitszahlen, die Reduzierung der Arbeitsunfähigkeitsdauer und andere unternehmensspezifische Zielparameter nachweisbar.
- Die Höhe des Bonus darf die Investitionen des Arbeitgebers nicht überschreiten.

Für einen effizienten Mitteleinsatz der Krankenkasse auf diesem Gebiet können aber nur solche Unternehmen in einem derartigen Bonusprogramm berücksichtigt werden, die in vollem Umfang die Auswahlkriterien erfüllen und die Qualität der Maßnahmen nachhaltig sicherstellen.

Aufgrund der begrenzten Ressourcen einer Krankenkasse für dieses Themenfeld (siehe oben), kann aber nur eine verhältnismäßig geringe Zahl an Unternehmen in ein solches Bonusprogramm aufgenommen werden.

## *Berufsgenossenschaften (Unfallversicherungsträger)*

Es lohnt auch ein Anruf bei Ihrem Unfallversicherungsträger. Dieser versteht sich heute nicht mehr als Kontrolleur zur Einhaltung des Arbeitsschutzes in den Unternehmen, sondern unterstützt auch bei der Durchführung der Gefährdungsbeurteilung und kann erste Ratschläge für mehr Gesundheit in Ihrem Arbeitsumfeld erteilen. Der Vorteil dabei ist, dass Ihre Berufsgenossenschaft Ihr Unternehmen als Ganzes im Fokus hat, während eine einzelne Krankenkasse eher an „ihren Versicherten" oder aber an möglichen Neukunden interessiert ist.

siehe Kapitel 2, S. 31

Mitgliedsunternehmen erhalten von ihrer Berufsgenossenschaft kostenlos Schulungsmaßnahmen für Arbeitgeber oder Sicherheitsfachkräfte. So können Sie sich unter anderem bei der Verwaltungsberufsgenossenschaft mit dem Thema Betriebliche Gesundheitsförderung insgesamt auseinandersetzen oder entsprechende Angebote zum Stressmanagement, zu Führungsqualitäten oder aber auch zu Ergonomie wahrnehmen (vgl. VBG – Verwaltungsberufsgenossenschaft 2010 💻 IV 01). Das Angebot „Gesund im Mittelstand" (GiM) der Berufsgenossenschaft Metall Nord Süd stellt Mitgliedsunternehmen für die Themen Gesunderhaltung und menschengerechte Arbeit im Betrieb Beratung zur Verfügung. Schwerpunkt der Betrachtungen sind psycho-soziale und altersgerechte Arbeitsbedingungen. Dabei werden auch Themen des Arbeitsschutzes berührt (vgl. Berufsgenossenschaft Metall Nord Süd, 2010, 💻 IV 02).

In den letzten Jahren hat ein Umdenken stattgefunden. Ihre Berufsgenossenschaft hat sich Serviceorientierung auf die Fahnen geschrieben und ihr Angebot über den klassischen Arbeits- und Gesundheitsschutz hinaus erweitert. So

werden Sie mit Ihrem Unternehmen von den Beratern für Prävention aktiv beim Aufbau einer systematischen Gesundheitsförderung unterstützt und bei der Umsetzung von Maßnahmen begleitet. Für Sie als versicherter Unternehmer und Ihre Mitarbeiter ist auch dieser Service kostenlos.

Erkundigen Sie sich nach einem aktuell laufenden Modellprojekt der jeweiligen Sozialversicherungsträger. Wenn Sie sich mit Ihrem Unternehmen beteiligen, können Sie oft kostengünstige Unterstützung bei der Einführung bzw. Umsetzung der Betrieblichen Gesundheitsförderung erhalten und holen sich zusätzliches Know-how in Ihr Unternehmen.

## *Deutsche Rentenversicherung*

Seit dem 01.05.2004 verlangt der Gesetzgeber von den Arbeitgebern ein Betriebliches Eingliederungsmanagement (BEM). Zweck ist es, den Ursachen von Arbeitsunfähigkeitszeiten eines Beschäftigten nachzugehen und nach Möglichkeiten zu suchen, künftig Arbeitsunfähigkeitszeiten zu vermeiden oder zumindest zu verringern. Damit soll Arbeitnehmern, die länger als sechs Wochen oder wiederholt arbeitsunfähig sind, geholfen werden, möglichst frühzeitig wieder im Betrieb arbeiten zu können (§ 84 SGB IX). Leistungen zur Rehabilitation, die der Wiederherstellung der Erwerbsfähigkeit dienen, sollen frühzeitig erkannt, notwendige Maßnahmen sollten rechtzeitig eingeleitet werden. Mit einer solchen Herangehensweise setzen Sie den Fokus auf die Ressourcen des Mitarbeiters und schauen nach optimalen Möglichkeiten für seinen weiteren Einsatz im Unternehmen. Die Deutsche Rentenversicherung, die Berufsgenossenschaften, die Agentur für Arbeit oder auch die Krankenkassen sowie bei Schwerbehinderten das Integrationsamt stehen Ihnen bei der Einrichtung eines Betrieblichen

Eingliederungsmanagements gern beratend zur Seite (vgl. Deutsche Rentenversicherung Bund, 2007, 🖥 IV 03).

## Kammern und Verbände

Die diversen Selbstverwaltungs- und Interessenorganisationen der Wirtschaft (Kammern und Verbände) leisten einen erheblichen Beitrag zur Generierung unternehmerischer Leitbilder, beruflicher Standards und praktischer unternehmerischer Kompetenzen ihrer Mitglieder. Einige widmen sich bereits präventionsbezogenen Themen wie Demografie, Wettbewerb um Mitarbeiter, Familienfreundlichkeit, Rente mit 67 oder auch Gesundheitswirtschaft. Eine konkrete Einzelberatung für Ihr Unternehmen ist aber kaum möglich und teilweise zum Beispiel für die IHK aus Wettbewerbsgründen auch nicht erlaubt (vgl. Amann et al., 2009).

### Wettbewerbe

Wenn Sie die Absicht haben, Ihr Unternehmen in puncto Mitarbeiterzufriedenheit besser aufzustellen, dann erkundigen Sie sich doch einmal nach einer Bewerbung für einen der Preise dieser Organisationen. So gibt es fast in jeder Stadt oder Region einen Preis für das familienfreundlichste Unternehmen. In Berlin lobt die IHK alle zwei Jahre den Wettbewerb „Potenzial Mitarbeiter – Unternehmen machen Zukunft" aus, in dessen Auswahlkriterien der verantwortungsbewusste Umgang mit den Beschäftigten eine zentrale Rolle spielt. Manchmal ist ein solcher Preis mit einem Preisgeld verbunden. Der größte Vorteil einer Bewerbung für einen solchen Preis ist aber zum einen die Auseinandersetzung mit dem eigenen Prozess im Zuge der Antragstellung und natürlich die öffentlichkeitswirksame Bekanntgabe der Preisträger in allen Medien. Das bringt Ihrem Unternehmen einen Imagegewinn, hebt Ihre Attraktivität als Arbeitgeber.

siehe Kapitel 6, S. 109

4

### Zertifikate

Sie können sich aber auch für den Erwerb eines der verschiedenen Zertifikate entscheiden, etwa für das Zertifikat „audit berufundfamilie" der gemeinnützigen Hertie-Stiftung. Diese Zertifizierung bescheinigt dem Unternehmen eine familienfreundliche Personalpolitik.

siehe
Kapitel 6,
S. 109

Die dazu nötigen Prozesse sollten praktischerweise mit Ihrem hauseigenen Qualitätsmanagementsystem verbunden sein. In diesem Fall ist eine solche Antragstellung nicht sehr aufwändig. Haben Sie noch kein Qualitätsmanagementsystem in Ihrem Unternehmen eingerichtet, ist eine gesonderte Antragstellung für ein „soziales Zertifikat" mit zusätzlicher Arbeit verbunden.

## Bund und Länder

Seit 2009 kann Ihr Unternehmen mit staatlicher Förderung rechnen, wenn Sie sich für die Gesundheitsförderung Ihrer Mitarbeiter im Betrieb einsetzen.
Nach § 3 Nr. 34 Einkommensteuergesetz sind ab dem 1. Januar 2009 Maßnahmen zur Verbesserung des allgemeinen Gesundheitszustandes von Arbeitnehmern und zur betrieblichen Gesundheitsförderung bis zu einem Betrag von 500 Euro pro Arbeitnehmer und Jahr grundsätzlich steuerfrei.
Voraussetzung für die Steuerbefreiung ist, dass die im Präventionsleitfaden niedergelegten Qualitätskriterien für derartige Leistungen erfüllt sind.
Somit ergeben sich für den einzelnen Mitarbeiter finanzielle Vorteile dadurch, dass die vom Unternehmen finanzierten Maßnahmen nicht mehr als geldwerter Vorteil dem Arbeitslohn zugerechnet werden müssen. Es entfallen auch Sozialversicherungsbeiträge und Lohnsteuer auf diesen Betrag.
Denken Sie in diesem Zusammenhang doch einmal über die nächste Belohnung für Ihre Mitarbeiter nach! Die von Ihnen investierten Gelder kommen Ihren Mitarbeitern vollständig zugute und Sie als Arbeitgeber haben auch einen Nutzen davon.

Der Staat beteiligt sich auch an der Entwicklung und Erprobung von Konzepten und Modellen zur Betrieblichen Gesundheitsförderung auf überregionaler und internationaler Ebene. Beispielhaft wären das Europäische Netzwerk für Betriebliche Gesundheitsförderung (ENWHP) oder das Deutsche Netzwerk für Betriebliche Gesundheitsförderung (DNBGF) zu nennen. In diesen Netzwerken tauschen sich Experten unterschiedlicher Fachrichtungen aus diesem Gebiet aus. Außer mit Informationen oder der Mitwirkung bei Modellprojekten können Ihnen diese Gremien bei der konkreten Arbeit in Ihrem Unternehmen nur begrenzt helfen. Nützlicher ist da sicher die Datenbank Gute Praxis der Initiative Neue Qualität der Arbeit (2010) 💻 IV 04.

Hier finden Sie eine Reihe von Beispielen, wie Unternehmen das Thema Gesundheit in ihren Alltag integriert haben und damit Grundlagen für eine höhere Motivation und mehr Wettbewerbsfähigkeit gelegt haben. Die Materialien, die diese von Bund, Ländern, Sozialversicherungsträgern, Arbeitgebern, Gewerkschaften, Stiftungen und Unternehmen getragene Initiative herausgibt, enthalten leicht verständliche Informationen und Werkzeuge, die Ihnen bei der konkreten Arbeit in Ihrem Unternehmen helfen.

Seit 2002 fördert die Initiative auch Projekte, die neues Wissen im Bereich Sicherheit und Gesundheit bei der Arbeit generieren und daraus zusammen mit bereits vorhandenem Know-how und Erfahrungen aus der Praxis exemplarische Maßnahmen, Hilfen und Produkte für die Unternehmen entwickeln.

Einem oft von kleinen Unternehmen geäußerten Wunsch nach einer zentralen Anlaufstelle entspricht zum Beispiel das Projekt „Gesunde Arbeit".

In sechs bundesweit eingerichteten Regionalstellen werden kleine und mittlere Unternehmen mit einem kostenfreien Service unterstützt. Sie lotsen durch die vielfältigen Angebote und Zuständigkeiten der gesetzlichen Träger von Prävention und Rehabilitation wie zum Beispiel Berufsgenossenschaften, Krankenkassen, Rentenversicherungen und auch der privaten Dienstleister.

Derartige Projekte und Anlaufstellen werden auch von diversen Bundesländern finanziert. In Rheinland-Pfalz fördert das Ministerium für Arbeit, Soziales, Gesundheit, Familie und Frauen zum Beispiel ein Kompetenzzentrum für zukunftsfähige Arbeit (vgl. Zukunftsfähige Arbeit in Rheinland Pfalz, o.J , 💻 IV 06).

Erkundigen Sie sich, ob es auch in Ihrer Region eine zentrale Anlaufstelle für Betriebliche Gesundheitsförderung gibt, die Sie bei der Suche nach dem richtigen Einstieg in die Betriebliche Gesundheitsförderung unterstützt.

## Forschungs- und Beratungseinrichtungen

Zahlreiche Forschungs- und Beratungseinrichtungen können auf umfassende Kompetenzen und Erfahrungen auf dem Gebiet der Betrieblichen Gesundheitsförderung verweisen. Diese wurden sowohl in geförderten als auch frei finanzierten Projekten gewonnen und stehen Ihnen auf Nachfrage zur Verfügung.

Informieren Sie sich bei der Universität, Hochschule oder dem Institut in Ihrer Region über die dort vorhandenen Kompetenzen und die passenden Ansprechpartner. Oft kann man Ihnen dort sehr unbürokratisch helfen, bevor Sie in ein größeres Projekt zur Betrieblichen Gesundheitsförderung einsteigen.

Die Vielfalt der Träger, Projekte und Unterstützungsangebote erschwert Ihnen die Suche nach dem passenden Partner für den Einstieg in die Betriebliche Gesundheitsförderung. Im Rahmen des Forschungsprojektes InnoGema wurde konsequent ein regionaler Ansatz präferiert. Lesen Sie in Kapitel 7 und 8 nach, welche Potenziale Sie aus der Region schöpfen können.

# Kapitel 5
## Gesundheitsförderung – eine Frage von Kultur und Führung

### Soziale Unternehmensverantwortung beinhaltet gesunde Arbeit

Die Corporate Social Responsibility (CSR) bezeichnet die gesellschaftliche Unternehmensverantwortung. In kleinen Unternehmen wird der englischsprachige Begriff vielleicht weniger verwandt, aber getan wird in dessen Sinne trotzdem schon einiges. Zu verstehen ist darunter in aller Kürze, dass sich das Unternehmen auch für das Gemeinwesen verantwortlich fühlt. Viele Unternehmen sind in ihrem unmittelbaren Umfeld, in ihrer Kommune in der einen oder anderen Form engagiert. Sie unterstützen mit ihren Mitarbeitern Reparaturarbeiten in einer Schule, finanzieren den Betrieb eines öffentlichen Brunnens oder spenden für die Restaurierung einer Kirche. Vielleicht sind sie auch besonders für die Umwelt engagiert. Ein Begleiteffekt ist, dass sie durch Engagement im Gemeinwesen die innerbetrieblichen, sozialen Beziehungen zusätzlich stärken. Ein Weg, den immer mehr Unternehmen in Deutschland gehen. Arbeiten Ihre Mitarbeiter einmal außerhalb des Unternehmens, zudem für einen allgemein anerkannten guten Zweck, in neuen Konstellationen zusammen, kann das ihre soziale Kompetenz und den Zusammenhalt befördern. So führen manche Unternehmen eine sogenannten Social Day durch und helfen beim Aufbau eines Kinderspielplatzes oder bei der Essensausgabe in einer Suppenküche. Andere stellen ihr betriebswirtschaftliches Know-how einer gemeinnützigen Kinderorganisation zur Verfügung oder begleiten regelmäßig Jugendliche bei Bewerbungen und der Suche nach einem Ausbildungsplatz. Beispiele dazu finden Sie z. B. bei der Landesehrenamtskampagne Gemeinsam-Aktiv (2009) 💻 V 10 und bei der Bundesinitiative „Unternehmen Partner der Jugend" (2010) 💻 V 01.

Unternehmen bekennen sich immer häufiger zu ihrer Verantwortung, nicht nur für die Zufriedenheit ihrer Kunden und die Qualität ihrer Produkte, sondern auch für deren ressourcenschonende Herstellung oder das soziale Umfeld, in dem sie ansässig sind (vgl. Bundesvereinigung der deutschen Arbeitgeberverbände e.V., o.J.,  V 04; vgl. BMAS, o.J.,  V 02; vgl. BBE, o.J.,  V 03).

Seltener wird der Begriff der social responsibility auf unternehmensinterne Verhältnisse bezogen. Aber die sozialen Verhältnisse, also die zwischen den Mitarbeitern – ja gerade diese – sind Bestandteil einer überzeugenden CSR: Ihre unternehmerische Verantwortung sollte zunächst dem Wohlergehen der Menschen in Ihrem Unternehmen gelten. Auch durch Gesundheitsförderung zeigen Sie, dass Sie Zufriedenheit und Gesundheit Ihrer Mitarbeiter im Blick haben. Sind Sie hier engagiert und organisatorisch gut aufgestellt, dann können Sie dies in Ihre CSR-Darstellung einbinden oder Ihr Verantwortungsbewusstsein als Unternehmensbürger (Corporate Citizen) wahrnehmen.

Ihr Unternehmen wirkt auch nach außen überzeugend, wenn erkennbar wird, dass es seinen Werten entsprechend handelt. Um dies noch wirksamer zu kommunizieren, können Sie sich an Wettbewerben für „gute Arbeitgeber" beteiligen. Auch Ihre Kunden werden dies wertschätzend zur Kenntnis nehmen (vgl. Great Place to Work Institute Deutschland, 2010,  V 07).

Dass Sie sich für die Betriebliche Gesundheitsförderung stark machen, können Sie durch Ihren Beitritt zum Europäischen Netzwerk für Betriebliche Gesundheitsförderung öffentlich machen und indem Sie die Luxemburg Deklaration unterzeichnen (vgl. Europäisches Netzwerk für Betriebliche Gesundheitsförderung, 2007,  V 06).

# Unternehmenskultur und gesundheitsfördernde Führung

Der Umgang mit der Gesundheit am Arbeitsplatz bzw. deren Berücksichtigung im Arbeitsprozess steht nicht isoliert für sich, sondern ist Bestandteil Ihrer Unternehmenskultur. Sie als Geschäftsführer oder Personalverantwortlicher prägen diese in ganz entscheidendem Maß. Ihre Werte, ihr Führungsstil, aber auch Ihr persönlicher Umgang mit der Arbeitszeit oder Ihre Aufmerksamkeit für die Belastungssituationen Ihrer Mitarbeiter tragen zur Unternehmenskultur maßgeblich bei. Diese Faktoren beeinflussen schließlich das Verhalten Ihrer Mitarbeiter.

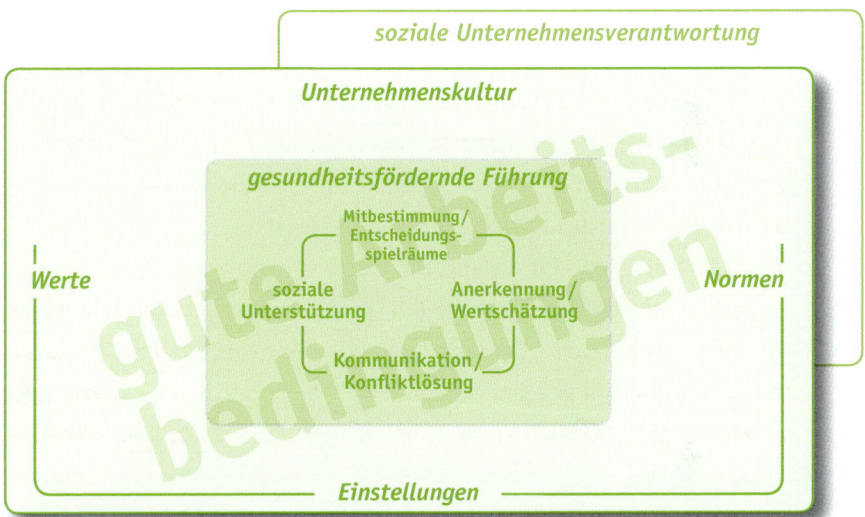

**Abb. 16: Unternehmenskultur und gesundheitsfördernde Führung**
Quelle: Eigene Darstellung

Der Begriff Unternehmenskultur bezeichnet zunächst die Gesamtheit von Werten, Normen und Einstellungen, welche die Entscheidungen, die Handlungen und das Verhalten der Mitglieder einer Organisation prägen. Jede Aktivität in einer Organisation ist durch ihre Kultur gefärbt und beeinflusst.

Edgar Schein definiert Kultur in Organisationen als „ein Muster gemeinsamer Grundprämissen, das die Gruppe bei der Bewältigung ihrer Probleme externer Anpassung und interner Integration erlernt hat, das sich bewährt hat und somit als bindend gilt; und das daher an neue Mitglieder als rational und emotional korrekter Ansatz für den Umgang mit Problemen weitergegeben wird. Nach seinem Modell sind drei Ebenen von Kulturphänomenen in Organisationen zu unterscheiden.

1. An der Oberfläche liegen die sichtbaren Verhaltensweisen und andere physische Manifestationen, Artefakte und Erzeugnisse. Beispiele sind das Kommunikationsverhalten mit Mitarbeitern, Kunden und Lieferanten, Logo, Parkplätze, Bürolayout, verwendete Technologie, das Leitbild aber auch die Rituale und Mythen der Organisation.

2. Unter dieser Ebene liegt das Gefühl, wie die Dinge sein sollen; kollektive Werte sind beispielsweise „Ehrlichkeit", „Freundlichkeit", „Technik-Verliebtheit", „spielerisch", „konservativ" usw. also Einstellungen, die das Verhalten von Mitarbeitern bestimmen.

3. Auf der tiefsten Ebene sind die Dinge, die als selbstverständlich angenommen werden für die Art und Weise, wie man auf die Umwelt reagiert (Grundannahmen). Diese Grundannahmen werden nicht hinterfragt oder diskutiert. Sie sind so tief im Denken verwurzelt, dass sie von Mitgliedern der Organisation nicht bewusst wahrgenommen werden.

Es ist dieses Muster von Grundannahmen, das Schein als Kultur beschreibt (vgl. Schein, 2003).

Viele Werte bleiben unausgesprochen und werden Jahre nach der Unternehmensgründung oft nicht mehr reflektiert. Wichtig für Ihr Unternehmen als lebendige und lernende Organisation ist, immer wieder einmal über die sie treibenden Werte und die damit zusammenhängenden Handlungsweisen zu reflektieren.

Bezogen auf Ihre die Arbeit prägenden Werte können Sie z. B. folgendes prüfen:
*Wir haben eine klare Vorstellung davon, wie bei uns gearbeitet und miteinander umgegangen wird, besprochen und formuliert.*
Zum Beispiel haben wir vereinbart:

- Gegenseitige Toleranz
- Respekt und Vertrauen untereinander
- Sicherheit und Gesundheit
- Konstruktive Kritik von Beschäftigten, Kunden und Lieferanten
- Kundenorientierung
- Qualitätsansprüche
- Wettbewerbsverhalten
- Unternehmerische Verantwortung
- Abbruchkriterien für Aufträge als Teil des Leitbildes beschreiben

Ihr großer Vorteil im Kleinunternehmen ist, dass Sie häufiger in direktem Austausch mit Ihren Mitarbeitern stehen und sie daher gut kennen. Mit einigen von Ihnen pflegen Sie einen intensiverem Austausch, manche stehen Ihnen sogar persönlich sehr nahe. So gewinnen Sie auch einen Einblick in die sozialen Beziehungen in Ihrem Unternehmen.

Nehmen Sie einmal Abstand und reflektieren Sie darüber unter den Gesichtspunkten Transparenz und Fairness:
*Wir haben klare Regeln, wie Entscheidungen nachvollziehbar vermittelt werden und für einen respektvollen und fairen Umgang aller Beschäftigten im Betrieb.*
Zum Beispiel ...

- Gleiche Maßstäbe für alle
- Eindeutige Verhaltensregeln im Konfliktfall
- Regelung für den Umgang mit einem Verhalten, dass als respektlos und unfair empfunden wird
- Regelung, wie mit Mobbing umgegangen wird

Weiteres siehe: INQA-Mittelstand, 2009, 💻 V 08


Die generelle Reflexionsfrage, die Sie im Hinterkopf haben sollten, lautet:
Ist unsere Unternehmenskultur so ausgeprägt, dass jedem Mitarbeiter und

jedem Kunden deutlich ist, dass Arbeit und Gesundheit bei uns nicht im Widerspruch stehen?

Unternehmenskultur gedeiht auf dem Boden guter Arbeitsbedingungen. Sie wiederum sind Ergebnis gesundheitsfördernder Führung. Betrachten Sie hier, welche Handlungsfelder dazugehören:

| Handlungsfelder für gesundheitsfördernde Führung | |
|---|---|
| Soziale Unterstützung | • Aufmerksam sein für Anregungen, Wünsche und Bedürfnisse der Mitarbeiter<br>• Aktiv zuhören und als Ansprechpartner zur Verfügung stehen<br>• Aktive Hilfestellung geben<br>• Die Zusammenarbeit im Team fördern |
| Anerkennung und Wertschätzung | • Positive Aspekte der Arbeitsleistung thematisieren<br>• Sich wertschätzend gegenüber den Mitarbeitern äußern<br>• Den Mitarbeitern den Rücken stärken – auch gegenüber Vorgesetzten und anderen Abteilungen |
| Kommunikation und Konfliktlösung | • Konflikte frühzeitig aufgreifen und Lösungen im Team entwickeln<br>• Regelmäßig Feedback geben<br>• Kritik sachlich äußern |
| Entscheidungsspielräume und Mitbestimmung | • Entscheidungen transparent machen<br>• Verantwortung abgeben und Spielräume gewähren<br>• Mitarbeiter zu innovativem Denken und Infragestellen des Bisherigen anregen<br>• Aufgaben eindeutig delegieren und Anreize bieten |

*Abb. 17: Handlungsfelder für gesundheitsfördernde Führung*
*Quelle: Eigene Darstellung, vgl. BGW 2009, S. 4f.*
*Weiteres: BGW, 2010, 🖥 V 05*

# Soziale Unterstützung – ein Indikator für die Unternehmenskultur

Bei Aussagen über die sozialen Beziehungen im Unternehmen wird meist der Begriff „Betriebsklima" verwandt. Es wird als gut eingeschätzt, wenn die Beschäftigten in Ihrem Unternehmen wertschätzend miteinander umgehen und sich gegenseitig unterstützen. Einfluss auf die sozialen Beziehungen haben folgende Faktoren:

* das Verhalten der Mitarbeiter untereinander,
* das Verhalten und die Führung durch die Vorgesetzten und
* die betrieblichen Strukturen (z. B. Personalstand, Abgrenzung der Zuständigkeiten, Arbeitsanforderungen, Bezahlungen, Arbeitszeiten, Zusammensetzung der Belegschaft).

Die betrieblichen Strukturen, wie z. B. Zuständigkeiten, Bezahlung, formale Beziehungen und Arbeitszeiten sind im Arbeitsvertrag geregelt und im Tätigkeitsprofil der Stellenbeschreibung niedergelegt. Dennoch entwickeln Mitarbeiter im Unternehmen von sich aus über die funktionalen Zusammenhänge hinausgehende Beziehungen zu Kollegen. Zudem prägen sich im Laufe der Zeit persönliche Meinungen über das Unternehmen, die Kollegen und über Sie aus. Diese beeinflussen unmittelbar das Betriebsklima. Sie sollten grundlegend darauf bedacht sein, dass eine Vertrauensbasis im Unternehmen vorherrscht, einmal gefasste Meinungen auch wieder hinterfragt werden, um positive soziale Beziehungen unter den Mitarbeitern zu fördern.

„Unterstützung effizient und bedarfsorientiert zu leisten, ist eine Fähigkeit, die eine Person unter entsprechenden – förderlichen bzw. hinderlichen – Arbeitsbedingungen weiter entwickeln oder auch verlernen kann. Wird nicht am Problem des Hilfesuchenden angesetzt, wird zu weit ausgeholt, hat die Hilfe einen bevormundenden Unterton, dann kann sich die Hilfe leicht ins Gegenteil verkehren. Soziale Unterstützung ist also eine Fähigkeit, die trainiert werden muss und für die soziale Kompetenzen unabdingbar sind (Einfühlungsvermögen, aktives Rückmelden etc.) (Stadler; Spieß, 2002, S. 24).

Dennoch können in der Praxis Störungen des Betriebsklimas auftreten. Meistens ist es nicht so einfach, die Ursachen dafür gleich zu erkennen. Die komplexen Bedingungen und Ursachen müssen im Ernstfall gründlich analysiert werden, um Verbesserungen in die Wege leiten zu können. Es lohnt sich, dazu mit den Mitarbeitern ins Gespräch zu gehen. Denn das Betriebsklima wirkt sich unmittelbar auf die Arbeitsmotivation und somit auf die Produktionsqualität aus (vgl. Kock; Kutzner, 2006).

| Checkliste zu Symptomen eines schlechten Betriebsklimas | | |
|---|---|---|
|  | Ja | Nein |
| Mitarbeiter tuscheln immer wieder „hinter vorgehaltener Hand" | ☐ | ☐ |
| Einzelne Mitarbeiter bilden offenkundig Fraktionen und Gruppen, die nur miteinander kommunizieren, wenn es anders nicht geht. | ☐ | ☐ |
| Gerüchte werden kolportiert, Sticheleien und kleine verbale Angriffe sind an der Tagesordnung – bis hin zu Intrigen, etwa nach dem Motto: „Haben Sie gehört, der Meyer hat schon wieder ...". | ☐ | ☐ |
| In Teamsitzungen ist die Atmosphäre angespannt, ja feindselig. Jeder schiebt die Schuld auf andere, niemand ist bereit, Verantwortung zu übernehmen. | ☐ | ☐ |
| Der Fehlzeitenstand steigt, immer öfter bleiben Mitarbeiter unentschuldigt dem Arbeitsplatz fern. | ☐ | ☐ |
| Die Mitarbeiter erledigen ihre Aufgaben nachlässig und „nach Vorschrift". | ☐ | ☐ |
| Die Mitarbeiter arbeiten nur so viel, dass es keinen unmittelbaren Anlass zur Klage gibt. | ☐ | ☐ |
| Informationen werden nicht weitergeleitet. | ☐ | ☐ |
| Aufgaben werden wo immer möglich delegiert. | ☐ | ☐ |

**Abb. 18: Symptome für ein schlechtes Betriebsklima**
*Quelle: Wittschier, 2002, 🖥 V 13*

Wenn Sie diese Symptome in Ihrem Unternehmen feststellen, sollten Sie sofort mit der Ursachenerforschung beginnen. Der Weg zu diesem Ziel besteht in der direkten Ansprache Ihrer Beobachtung in Einzelgesprächen oder im größeren Mitarbeiterkreis.

> Sie als Vorgesetzter sind für die Gestaltung sozialer Beziehungen (z. B. Partizipationsmöglichkeiten, Umgang mit Konflikten, Transparenz von Entscheidungen) verantwortlich. Ihre Aufgabe ist es, frühzeitig negative Veränderungen des Betriebsklimas zu erkennen, zu analysieren und geeignete Gegenmaßnahmen in die Wege zu leiten.
> Ausführlicheres finden Sie hier: vgl. Kock; Kutzner, 2006, 🖥 V 09.

Sie können das Betriebsklima positiv beeinflussen. Hier vier Empfehlungen dazu:

1. Innerhalb Ihres Unternehmens soll es trotz „Machtverhältnissen" zu einem fairen Interessensausgleich kommen.
2. Der vertrauensvolle Umgang miteinander ist das A und O. Vertrauen entsteht durch Offenheit und Respekt.
3. Entwickeln Sie eine Kultur der Anerkennung im Unternehmen. Durch die Wertschätzung der erbrachten Leistungen werden die Mitarbeiter als eigenständige Personen anerkannt und Sie sehen, dass ihre Leistungen zum Erreichen der betrieblichen Ziele führen.
4. Unterstützen Sie eine wertschätzende Kommunikation und Konfliktbewältigung. Berücksichtigen Sie dies auch in der Personalentwicklung.

Ein in letzter Zeit vermehrt auftretendes Phänomen ist „Mobbing". Im alltäglichen Sprachgebrauch findet der Begriff zwar immer häufiger Anwendung, für Sie als Führungskraft ist es aber wichtig, dies genauer zu unterscheiden. Nicht jede diskriminierende Bemerkung eines Mitarbeiters ist schon Mobbing. Die Grenzen zwischen alltäglichen Problemen unter Mitarbeitern und Mobbing sind nämlich fließend und Sie können unter Umständen nicht gleich feststellen, wann aus einem Konflikt bereits gezielte Schikane gegen einen einzelnen Mitarbeiter geworden ist.
Von Mobbing sollte nur dann die Rede sein, wenn es um negative (kommunika-

tive) Handlungen gegenüber einer Person vorrangig am Arbeitsplatz geht. Und: Die Häufigkeit, die Dauer, die Systematik, die ungleichen Machtstrukturen und die Zielgerichtetheit sind die wichtigsten Merkmale. Folgende Bedingungen sind also kennzeichnend für Mobbing:

- Die Schikanen wiederholen sich regelmäßig (wöchentlich).
- Die Konfliktsituation zieht sich über einen längeren Zeitraum hin (min. 1/2 Jahr).
- Die Mobbing-Handlungen erfolgen nicht zufällig, sondern sind geplant (Systematik).
- Es existieren ungleiche Machtstrukturen und der Betroffene hat wenig Einfluss, um die Situation schnell zu verändern.
- Die betroffene Person wird zielgerichtet attackiert, um sie aus ihrer Position zu vertreiben (vgl. IG Metall, 2003a).

Die Ursachen von Mobbing sind vielfältig. Selten gibt es dafür nur einen einzigen Auslöser. In der Regel wirken persönliche und betriebliche Auslöser zusammen. Die Mobbing-Täter haben verschiedenste Motive für ihr Handeln, werden oft selbst durch Ängste zum Handeln getrieben. Einige Beispiele dafür werden im Folgenden aufgeführt:

- Autorität gegenüber anderen Interessen durchsetzen: Sie wollen durch Kritisieren und Befehlen eigene Kompetenz demonstrieren oder bestimmte Mitarbeiter von ihrem Arbeitsplatz verdrängen.
- Die Sicherung des eigenen Arbeitsplatzes: Es werden Informationen vorenthalten, um mit Hilfe dieses Informationsvorsprunges die eigene Position zu stärken.
- Angst vor Intrigen der Mitarbeiter
- Angst vor Über- oder Unterforderungen

Desweiteren kann Mobbing durch Mängel in der Organisation der Arbeit begünstigt werden, wenn z. B. durch mangelhafte Arbeitsorganisation Stress erzeugt wird. Ein Mitarbeiter kann durch seine Arbeitsaufgabe überfordert sein. Weitere Mängel im System sind z. B. unklare Ziele und Strategien, gestörte Informationswege, Mangel an Feedbackmöglichkeiten oder Meinungsverschiedenheiten zwischen Abteilungen über Zuständigkeiten.

Die Folgen von Mobbing für die Betroffenen können schwere gesundheitliche Störungen, seelische Krisen bis hin zum Suizid sein. Entsprechende Hinweise sollten von Ihnen deswegen ernst genommen werden. Denn die Folgen für das Unternehmen können sinkende Leistungsbereitschaft, höhere Fehlzeiten oder negative Auswirkungen auf das allgemeine Betriebsklima sein.

Weiterführende Information: Meschkutat et al., 2002, 💻 V 12

> Konflikte sind natürliche Ereignisse in sozialen Beziehungen. Sie müssen von Ihnen als Führungskraft aufgegriffen werden, wenn sie sich zu manifestieren drohen. Treten verletzende und schikanöse Verhaltensweisen in Ihrem Unternehmen auf, führen Sie mit den beteiligten Kollegen ein Gespräch zunächst unter vier Augen, um eine Klärung in die Wege zu leiten. Wägen Sie gegebenenfalls auch Sanktionsmöglichkeiten ab.

5

## Kommunikation ist durch nichts zu ersetzen ... außer durch bessere Kommunikation

Kommunikation ist alles, heißt es oft. Sicher stimmt diese Verallgemeinerung nicht ganz, denn Ihr Unternehmen lebt nicht davon, sondern vom Verkauf seiner Produkte und Dienstleistungen. Als Organisation betrachtet geht allerdings in Ihrem Unternehmen ohne Kommunikation gar nichts. Damit intern die Abläufe funktionieren, aber auch alle Mitarbeiter Ihren Beitrag leisten können, ist das Gelingen der internen Kommunikation wichtig. Hier steht nicht nur das fachlich Notwendige im Vordergrund, denn Ihre Mitarbeiter sind nicht nur Funktionsträger als Teamleiter, Verkäufer oder Texter – sie sind Menschen, die immer auch ihre persönlichen Belange mit in die Organisation einbringen. Ein in Trennung lebender Mitarbeiter oder eine Mitarbeiterin, die zuhause ein schwerkrankes Kind hat, bringen ihre Problemlagen mit in den Betrieb. Sie werden mit dem einen oder dem anderen Kollegen darüber reden wollen und wahrscheinlich auch direkt mit Ihnen.

Zu Ihren Führungsqualitäten gehört es also, ein offenes Ohr für die Belange Ihrer Mitarbeiter zu haben – auch für manch private.

Zu Organisationsformen innerbetrieblicher Kommunikation zählen zunächst eine transparente Informationspolitik über wichtige Unternehmensentwicklungen, dann aber auch eine gute Tradition von Veranstaltungen für die Belegschaft, vielleicht mit Einbindung der Familien, und ein gut organisiertes Besprechungswesen.

Ein für unser Thema Gesundheitsförderung zentrales Element betrieblicher Kommunikation ist das Mitarbeitergespräch zwischen Ihnen als Führungskraft und Ihrem Mitarbeiter. Es ist grundsätzlich ein Reflexions- und Orientierungsgespräch und damit von einem Beurteilungsgespräch zu unterscheiden. Es hat die momentane Situation des Mitarbeiters ebenso zum Inhalt wie seine Entwicklungsmöglichkeiten im Unternehmen. Allerdings beinhaltet es auch ein möglichst beidseitiges Feedback. Ausgangspunkt des Mitarbeitergesprächs ist die Erfassung des Ist-Zustandes. Fragen, die sich auf die Erfassung der aktuellen Arbeitssituation beziehen, sind z. B.:

Zum Tätigkeitsbereich des Mitarbeiters:

- Welche Aufgaben hat der Mitarbeiter?
- Wofür ist der Mitarbeiter verantwortlich?
- Wie schätzt der Mitarbeiter seine Arbeitsergebnisse ein (Menge, Qualität)?
- Was möchte der Mitarbeiter daran verändern?
- Welche Aufgaben liegen ihm besonders? Welche bereiten ihm Schwierigkeiten?
- In welchen Bereichen fühlt er sich überfordert?
- Welche Ideen für Veränderungen im jetzigen Aufgabenbereich hat er?


Zu den Arbeitsbedingungen und dem Arbeitsumfeld:

- Wie funktioniert die Zusammenarbeit mit den Kollegen?
- Ist die (technische) Ausstattung ausreichend?
- Sind die Termine einzuhalten?
- Welche Veränderungen hält der Mitarbeiter in seinem Arbeitsumfeld für besonders wichtig?

Zur Zusammenarbeit:

- Wie bewertet der Mitarbeiter die Führung durch Sie?
- Wie erfährt er Anerkennung oder Kritik (häufig/selten, konstruktiv/ermutigend, konkret/pauschal)
- Wie lässt sich gegenseitig konstruktiv Kritik äußern?
- Wie selbstständig/eigenverantwortlich möchte der Mitarbeiter arbeiten?
- Funktioniert der Informationsfluss?
- Was möchte der Mitarbeiter an der Zusammenarbeit verändern?


Berufliche Perspektiven:

- Welche Erwartungen und Wünsche hat der Mitarbeiter hinsichtlich seiner beruflichen Entwicklung?
- Möchte er seinen Aufgabenbereich erweitern oder ggf. die Stelle wechseln?

Fragen, die sich auf die zukünftige Entwicklung des Mitarbeiters im Unternehmen beziehen, sollten in eine Zielvereinbarung münden.

Die Zielvereinbarung leitet sich direkt aus dem Gespräch ab und sollte

- operationalisiert sein, d. h. sie ist klar und messbar definiert
- umsetzbar sein, d. h. die Leistungsmöglichkeiten des Mitarbeiters nicht übersteigen
- überschaubar sein, d. h. sie ist zeitlich und inhaltlich begrenzt
- Handlungsspielräume lassen, d. h. das Ziel ist definiert, der Weg dahin aber frei.


Gemäß der Bestandsaufnahme beziehen sich die SOLL-Vereinbarungen auf

- den Tätigkeitsbereich des Mitarbeiters (kommen neue Aufgaben hinzu/fallen welche weg, mit welchen Konsequenzen)
- die Arbeitsbedingungen (technische Ausstattung, Abstimmungswege, Termine etc.)
- die Zusammenarbeit im Unternehmen (Leitlinien für den Umgang miteinander, gegenseitige Erwartungen etc.)
- die beruflichen Perspektiven (Qualifizierungsbedarf, Förderung/Honorierung

besonderer Fähigkeiten, neue Einsatzbereiche/Aufgaben etc.) (vgl. LexiCom, 2007, 🖥V 11).

Beinhaltet das Mitarbeitergespräch damit auch wichtige Fragen zur Arbeitsbewältigung, erfahren Sie zum einen, wie es um die Belastbarkeit Ihres Mitarbeiters bestellt ist, zum anderen wie Sie ihn unterstützen können und wie die Arbeitsanforderungen individuell für ihn angepasst werden können. Das sind für Sie wichtige Anhaltspunkte, um etwas für den Erhalt der Arbeitsfähigkeit tun zu können. Hier liegt allerdings auch die Grenze einer individuellen Erfassung der Arbeitsfähigkeit Ihrer Mitarbeiter.

Wollen Sie eine systematische Erfassung zur Entwicklung der Arbeitsbewältigungsfähigkeit in Ihrem Unternehmen erlangen – wenn auch anonymisiert –, bietet sich als Methode das AB-Coaching an.

siehe Kapitel 2, S. 31

siehe Kapitel 3, S. 45

## *Technische Unterstützung der Kommunikation*

Im Kleinunternehmen müsste die Geschäftsführung viel Zeit für die Organisation der Gesundheitsförderung aufwenden. Daher sind Lösungen gefragt, die darauf zielen, den organisatorischen Aufwand so gering wie möglich zu halten. Dies legt eine Kooperation mit anderen Akteuren nahe, die ein ähnliches Anliegen haben und mit solchen, die Sie fachlich beraten bzw. logistisch und finanziell unterstützen können.

Eine möglichst einfache Handhabung der organisatorischen Umsetzungsschritte zur Auswahl und Buchung von Gesundheitsfördermaßnahmen ist wünschenswert. Dazu wurde durch das Forschungsprojekt InnoGema eine Internetplattform entwickelt, über die die betriebliche Gesundheit und die Kommunikation zwischen den verschiedenen Akteuren wesentlich vereinfacht abgewickelt werden kann. Ihnen als Geschäftsführer eines kleinen oder mittleren Unternehmens erleichtert ein solches Netzwerk den Zugang zu den erforderlichen externen Dienstleistungen bis hin zur Buchung von einzelnen Gesundheitskursen oder

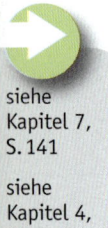

siehe Kapitel 7, S. 141

siehe Kapitel 4, S. 75

auf Ihre individuellen Bedarfe zugeschnittenen Angebotspaketen. Es kann Sie auch dabei unterstützen, Ihre Mitarbeiter zu informieren, zu beraten und bei der Aufnahme gesundheitsfördernder Maßnahmen motivational zu unterstützen. Das Netzwerk mit seiner zentralen Dienstleistungseinheit (Service-Center) kann also auch eine wichtige Kommunikationsunterstützung für Ihr Unternehmen darstellen. Wie ein entsprechendes Netzwerk funktionieren kann und wie ein dafür erforderliches Internetportal aufgebaut ist, können Sie in Kapitel 8 nachlesen.

siehe Kapitel 8, S. 153

5

# Kapitel 6
# Gesundheitsförderung ganz praktisch

## Tun Sie etwas für sich und seien Sie Vorbild

Was passiert, wenn Sie ausfallen? Sie müssen den Teufel nicht an die Wand malen, aber: Nehmen Sie den Erhalt Ihrer Gesundheit und Leistungsfähigkeit wirklich ernst genug?

Wenn Sie etwas für sich tun, zeigt das, wie Sie ganz persönlich Verantwortung für sich und zugleich für Ihr Unternehmen wahrnehmen. Wenn es Ihnen gut geht, kann es angesichts Ihrer Verantwortungsposition anderen auch gut gehen – so banal der Satz klingt, er bezeichnet einen wichtigen Zusammenhang.

> Selbstachtsamkeit ist ein Ausdruck von Professionalität.

Im Folgenden beschreiben wir Methoden, die Ihnen den ganz persönlichen und praktischen Einstieg in die Zukunft als gesundes Unternehmen erleichtern.

siehe dazu „systematische Gesundheitsförderung" in Kapitel 3, S. 45

### Erschöpfungssymptome ernst nehmen

Sind Sie Burnout-gefährdet? Vielleicht haben Sie sich diese Frage schon einmal gestellt, wenn Sie z. B. ein körperliches Symptom wahrgenommen haben, dass Sie beunruhigt oder verunsichert hat. Verschiedene psychische und physische Symptome können Warnsignale für Burnout sein. Zu den psychischen Beschwerden können Frustrationen, Schuldgefühle sowie Entmutigung und Gleichgültigkeit zählen. Zu den physischen Beschwerden zählen Schlafstörungen, Magen-Darm-Beschwerden, Müdigkeit und häufige Kopfschmerzen.

Nehmen Sie solche Symptome nicht auf die leichte Schulter. Unterziehen Sie sich lieber einem Gesundheitstest. Ob es zunächst ein anonymer Online-Test zu Ihrer Arbeitsfähigkeit ist, ein Fitnesscheck bei einem Gesundheitstag oder ein Besuch bei Ihrem Hausarzt, um sich umfassend „durchchecken" zu lassen – Sie erhalten objektivierte Anhaltspunkte dazu, wie es um Ihre Konstitution bestellt ist. Möglicherweise erhalten Sie außerdem die ersten Orientierungshinweise dafür, worum Sie sich in Zukunft stärker bemühen müssten, um Ihre Gesundheit zu erhalten.

Burnout ist zwar nicht nur eine „Managerkrankheit", aber Sie als Führungskraft sind möglicherweise durch Ihr hohes Arbeitspensum und die vielfache Verantwortung für Kunden, Mitarbeiter und Ihre Familie gefährdet.

Die häufigsten inneren und äußeren Ursachen von Burnout stellen wir Ihnen im Folgenden auszugsweise als Orientierungshilfe vor:

1. Mögliche äußere Faktoren

- Fehlen von Fairness, Respekt und Wertschätzung im Umgang miteinander (Überbetonung von Konkurrenz gegenüber Kooperation)
- Mangel an Kontrolle über die Auswirkungen des eigenen Tuns, für das man die Verantwortung übernommen hat.
- Zusammenbruch der Gemeinschaft und des Vertrauens
- Arbeitsüberlastung, z. B. durch zu viele unterschiedliche Tätigkeitsbereiche
- unzureichende Entlohnung bzw. Gewinn und Anerkennung

2. Mögliche innere Faktoren

- Perfektionismus
- Zweifel an den eigenen kommunikativen Fähigkeiten
- Überidentifikation
- Überstarke Erwartungen an sich selbst
- Zwanghaftigkeit
- Idealismus

(vgl. Imedo GmbH, o.J, 💻 VI 04)

| Fragen aus dem Maslach Burnout Inventory (MBI) | | |
|---|---|---|
| | Häufigkeit | Intensität |
| 1. Ich fühle mich von meiner Arbeit ausgelaugt. | | |
| 2. Am Ende eines Arbeitstages fühle ich mich erledigt. | | |
| 3. Ich fühle mich müde, wenn ich morgens aufstehe und wieder einen Arbeitstag vor mir habe. | | |
| 4. Es gelingt mir gut, mich in meine Klienten hineinzuversetzen. | | |
| 5. Ich glaube, ich behandle einige Klienten, als ob sie unpersönliche „Objekte" wären. | | |
| 6. Den ganzen Tag mit Leuten zu arbeiten, ist wirklich eine Strapaze für mich. | | |
| 7. Den Umgang mit Problemen meiner Klienten habe ich sehr gut im Griff. | | |
| 8. Durch meine Arbeit fühle ich mich ausgebrannt. | | |
| 9. Ich glaube, dass ich das Leben anderer Leute durch meine Arbeit positiver beeinflusse. | | |
| 10. Seit ich diese Arbeit mache, bin ich gleichgültiger gegenüber Leuten geworden. | | |
| 11. Ich befürchte, dass diese Arbeit mich emotional verhärtet. | | |
| 12. Ich fühle mich voller Tatkraft. | | |
| 13. Meine Arbeit frustriert mich. | | |
| 14. Ich glaube, ich strenge mich bei meiner Arbeit zu sehr an. | | |

| Quantität: „Wie oft?" | 3 = einige Male im Monat |
|---|---|
| 0 = nie | 4 = einmal pro Woche |
| 1 = einige Male im Jahr und seltener | 5 = einige Male pro Woche |
| 2 = einmal im Monat | 6 = täglich |

| Intensität: „Wie stark?" | 3 = kaum |
|---|---|
| 0 = ohne Bedeutung | 4 = mäßig |
| 1 = sehr schwach kaum wahrnehmbar | 5 = stark |
| 2 = schwach | 6 = bedeutend, sehr stark |

**Abb. 19: Fragen aus dem Maslach Burnout Inventory (MBI)**
*Quelle: SelbstAkademie, 2008, ⌨ VI 09*

Mittels des Maslach Burnout Inventory (MBI mit 25 Fragen) ist es möglich, das Burnoutrisiko zu messen. Es wird im Folgenden auszugsweise dargestellt. Bei dem Fragebogen gilt es nicht, den Gesamtrisikowert für Burnout zu berechnen, sondern die Ausprägung der einzelnen Dimensionen (emotionale Erschöpfung, reduzierte persönliche Leistungsfähigkeit, Depersonalisierung) zu erfassen. Bewertet werden die Fragen nach der Häufigkeit. Die Auswertung und Interpretation der Ergebnisse sollte durch einen erfahrenen Therapeuten geschehen, jedoch lässt sich der MBI gut nutzen, um erste Anzeichen von Burnout wahrzunehmen bzw. zu erkennen.

### Gesundheitscoaching in Anspruch nehmen

Im Zusammenhang mit Coaching und Gesundheit ist oft vom Personal Coach die Rede. Darunter versteht man heute meistens den persönlichen Fitnesstrainer. Ein komfortables Dienstleistungsangebot vieler Fitnesscenter, das Sie durchaus nutzen können. Vorausgesetzt dies geht aus der Überlegung hervor, dass es Ihrem Bedarf entspricht. Es gibt allerdings nicht wenige Führungskräfte, bei denen auf dem Laufband oder beim Bankdrücken derselbe Leistungsdruck und die körperlich-seelische Selbstausbeutung fortgesetzt werden, die schon das Arbeitsleben bestimmen.

Lassen Sie sich also vorab ärztlich untersuchen und von Gesundheitsfachleuten beraten. Vielleicht kommt dabei heraus, dass Sie tatsächlich mit dem Stemmen von Gewichten Ihren Rücken stärken sollten. In der Arbeit mit einem (Gesundheits-)Coach finden Sie jedoch zudem Möglichkeiten, mit psychischen Belastungen besser umzugehen oder Ihre persönliche Arbeitsorganisation unter Gesundheitsgesichtspunkten zu verbessern.

Wenn Sie ein persönliches Gesunderhaltungsprogramm für seelische und körperliche Fitness entwickeln, ist besonders wichtig, dass Ihnen das aufgestellte Programm Spaß macht und es nicht zum zusätzlichen Zwang wird. Sonst werden Sie entweder nicht lange dabei bleiben oder Sie erzielen nicht die gewünschten Effekte. Ihre ganz persönlichen Neigungen müssen sich in Ihrem Programm wiederfinden: Nicht jeder muss Yoga machen oder beim Laufen „glücklich werden". Die wünschenswerte Ausschüttung von Glückshormonen können Sie auch beim Tennis, Schwimmen oder Wandern erfahren. Welche Methoden noch in Frage kommen, dazu mehr in Kapitel 9.

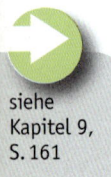

siehe Kapitel 9, S. 161

Ein Coach ist im Unterschied zu einem Berater nicht jemand, der auf Grund seines fachlichen Know-hows die richtige Richtung weisen kann. Im Coaching definieren Sie eigene Ziele, entwerfen Strategien für Verhaltensänderungen oder organisatorische Veränderungsprozesse. Der Coach begleitet Sie dabei mit seinem methodischen Know-how und seiner persönlichen Lebenserfahrung. Er geht prozess- und ressourcenorientiert vor, anstatt Ziele von sich aus vorzugeben.

Ein umfassendes und vor allem präventives Konzept für ein Coachingangebot, bei dem es auf ein ganzheitliches Verständnis von Gesundheit ankommt, hat Matthias Lauterbach erarbeitet (vgl. Lauterbach, 2005). Er versteht unter Coaching einen Prozess,

6

- der die Persönlichkeit des Coachingkunden auf vielen Ebenen erfasst,
- der vor dem Hintergrund der Wechselwirkungen vieler Lebensprozesse die

Beziehung zu den Aufgaben, Zielen und beruflichen Herausforderungen reflektiert und

- der auf diesem Weg zu fundierten Entscheidungen, Strategien und Handlungsoptionen führt.

Und – was in diesem Zusammenhang gerne vergessen wird – im Coachingprozess wird auch die Sinnfrage geklärt:
Wozu will ich gesund und fit bleiben?
Später können dann operative Ziele angegangen werden:
Wie sieht das damit verbundene Ziel für mich konkret aus und was bin ich bereit, dafür zu investieren?

Folgende Bereiche (ohne Anspruch auf Vollständigkeit) werden im Gesundheitscoaching angesprochen:

- Beruf, Arbeit, Karriere
- Partner/Familie
- Freunde, soziales Engagement
- Freizeitaktivitäten, Hobby
- Lebenssinn, Religion/Werte
- Kultur, Film, Theater etc.
- Gesundheit, Körper und Seele

Ein weiterer Bezugspunkt des Gesundheitscoachings ist die Stimmigkeit, die Sie als Klient empfinden, wenn Sie z. B. Ihr Verhältnis zur Arbeit betrachten. Im Konzept der Salutogenese von Antonovsky werden drei zentrale Gefühle beschrieben, die das sogenannte Kohärenzgefühl bestimmen und darauf entscheidenden Einfluss haben:

- Das Gefühl von Verstehbarkeit (sense of comprehensibility)
- Das Gefühl von Handhabbarkeit bzw. Bewältigbarkeit (sense of manageability)
- Das Gefühl von Sinnhaftigkeit bzw. Bedeutsamkeit (sense of meaningfulness)

Es geht also darum,

1. ob Sie fähig sind, das was Ihnen z. B. im Arbeitsprozess begegnet, als verständlich, überschaubar und vorhersehbar zu erleben (kognitiv verarbeiten können),
2. ob Sie darauf vertrauen können, dass Sie für die Anforderungen, vor denen Sie stehen, über ausreichende und passende Ressourcen zur Bewältigung verfügen (kognitiv-emotional lösen können) und,
3. ob Ihnen mindestens einige der Anforderungen, vor denen Sie in Ihrem Leben stehen, lohnenswert erscheinen, dass Sie Energie in sie investieren und Sie diese als sinnvoll erleben.
(vgl. Antonovsky, 1997 u. BZgA, 2001)

Die Anregungen des Gesundheitscoaches unterscheiden sich in Bezug auf konkrete Maßnahmen zur Gesunderhaltung von den zahlreichen Mahnungen und erhobenen Zeigefingern diverser Ratgeber, denn sie sind eingebunden in einen Prozess der Reflexion. Dieser Prozess wiederum ist ressourcenorientiert und darauf ausgerichtet, Ihre Handlungsoptionen zu erweitern (vgl. Lauterbach, 2005). Suchen Sie sich einen Coach, der methodisches Können und vor allem Prozesskompetenz mitbringt, um Sie strukturiert in Ihrem Entwicklungsprozess zu gesunder und zufriedener Arbeit zu begleiten.

Wenn Sie einen Coach suchen, finden Sie hier Hinweise: vgl. Zeitzuleben, o.J., 🖥 VI 10; Rauen, 2008, 🖥 VI 08.

**Abb. 20: Visualisierung der persönlichen Balancen im Führungsstil**
*Quelle: Bereiche aus einem Gesundheitscoaching für Führungskräfte (Lauterbach 2005)*

Dem Modell der Salutogenese entsprechend können Sie außerdem z. B. mit diesen Fragestellungen prüfen, ob Ihr Führungsverhalten gesundheitsorientiert ist:

• Sorge ich ausreichend für Klarheit der geltenden Ziele, Werte und Regeln in meinem Unternehmen?

• Pflege ich wertschätzende Beziehungen zu meinen Mitarbeitern?

• Bin ich für meine Mitarbeiter berechenbar?

• Sind Mitarbeiter entsprechend ihren Ressourcen eingesetzt?

• Halte ich eine gesunde Balance zwischen Fordern und Fördern?

(vgl. Lauterbach, 2008, 🖥 VI 07)

## Schaffen Sie förderliche Rahmenbedingungen für gesundes Arbeiten

Sie sind als Vorgesetzter für gute Rahmenbedingungen zum gesunden Arbeiten und für die Durchführung von gesundheitsfördernden Maßnahmen im Unternehmen verantwortlich. Zudem können Sie sich Gedanken darüber machen, wie Sie die Teilnahme an diesen Maßnahmen attraktiv gestalten können. Aber dann hat Ihre diesbezügliche Verantwortung Ihre Grenze erreicht: Ihre Mitarbeiter sind auch selbst für sich und ihre Gesundheit zuständig. Handeln müssen sie von sich aus.

Andererseits wirken bestimmte „Settings" vorteilhaft auf das Gesundheitsverhalten des Einzelnen. Im Betrieb ist dieses Setting bestimmt durch die Unternehmenskultur, die Gestaltung der Arbeitsprozesse und des Arbeitsplatzes bzw. die konkreten Spielräume, die der einzelne Mitarbeiter hat, um seine Arbeit selbständig und gesund zu gestalten. Ihre Führungsverantwortung betrifft dieses Setting und damit den Rahmen für das Handeln des einzelnen Mitarbeiters. Stimmt der organisatorische Rahmen nicht, werden die Bemühungen des Einzelnen, seine Gesundheit zu erhalten, langfristig nicht erfolgreich sein. Es liegt in Ihrer Verantwortung, Arbeitsprozesse so zu gestalten bzw. selbstverantwortlich gestalten zu lassen, dass Ihre Mitarbeiter langfristig keinen Schaden nehmen.

**6**

Wie lässt sich nun feststellen, welche Arbeitsabläufe oder organisatorischen Festlegungen als negative psychische Belastungen empfunden werden und von Mitarbeitern nicht bewältigt werden können? Ein Indiz dafür können körperliche Beschwerden oder wiederholt auftretende Situationen sein, die als „stressig" empfunden werden und über die Ihre Mitarbeiter klagen. Wichtige Anhaltspunkte bieten die Erklärungen, die sie für ihr Stressempfinden haben. Führen Sie Gesundheitsförderung systematisch durch, haben Sie wahrscheinlich im Impulsworkshop, im AB-Coaching oder durch die Mitarbeiterbefragung bereits Anhaltspunkte dafür gesammelt.

siehe Kapitel 3, S. 45

Weisen die Anhaltpunkte darauf hin, dass es einen Veränderungsbedarf in organisatorischer Hinsicht gibt, dann setzen Sie sich mit den Verantwortlichen in einem Prozessworkshop zusammen und prüfen Sie die Abläufe in dem jeweiligen Bereich bzw. den konkreten Arbeitsprozess. Beziehen Sie die Wahrnehmung wei-

terer, betroffener Mitarbeiter mit ein.

Das übergeordnete Ziel eines Prozessworkshops ist es, eine Prozessoptimierung herbeizuführen. Diese wird jedoch unter dem Gesichtspunkt durchgeführt, wie sie mit einer angemessenen personellen Ressourcenausstattung gut bewerkstelligt werden kann. Das heißt, dass sowohl die Personalkontingente quantitativ ausreichend sein müssen als auch der einzelne Mitarbeiter fachlich, geistig, körperlich und psychisch in der Lage sein muss, die gestellten Anforderungen zu erfüllen.

Machen Sie im Workshop die Prozessabläufe transparent und visualisieren Sie diese. Beachten Sie dabei die verschiedenen Möglichkeiten der Darstellung von Geschäftsprozessen, z. B.:

- Die organisatorische Sicht beschreibt die in den Geschäftsprozessen arbeitenden Akteure und die von den Akteuren eingesetzten Ressourcen.
- In der inhaltlichen Sicht werden die in den Geschäftsprozessen erstellten Produkte beschrieben.
- Die quantitative Sicht beschreibt die in einem Geschäftsprozess gebundenen Zeiten, Kosten, Wahrscheinlichkeiten und statistischen Verteilungen.
- In der zeitbezogenen Sicht werden die zeitabhängigen Varianten eines Geschäftsprozesses beschrieben.

Es wird von der Art Ihrer bisherigen Prozessdarstellung abhängen und davon, ob Sie dazu bereits mit Kennzahlen arbeiten, welche der Sichten Ihnen leicht fällt.

Haben Sie z. B. ein Qualitätsmanagementsystem etabliert, haben Sie bereits eine gute Ausgangsbasis. Weitere Hilfsmittel, die sie heranziehen können, sind Pflichten- und Lastenhefte sowie Dokumentationen zur Projektabwicklung. Vielleicht macht Ihre diesmalige Problemstellung deutlich, dass eine bessere Abbildung der Geschäftsprozesse hilfreich wäre und den Aufwand rechtfertigt. Oft legt das Vorgehen im Prozessworkshop schon den Grundstein für eine neue Form der Darstellung oder eine optimierte Dokumentation.

Personalrelevante Ergebnisse eines solchen Prozessworkshops können z. B. sein, dass ...

- einzelne Zuständigkeiten verändert werden, damit nun das Know-how einzelner Mitarbeiter anders einsetzbar wird.
- ein diagnostiziertes Wissens- oder Erfahrungsdefizit z. B. durch fachlichen Austausch unter den Mitarbeitern oder durch Qualifizierungsmaßnahmen kompensiert wird.
- die Kommunikation mit Kunden eindeutiger geregelt und besser dokumentiert wird (Auftragsklärung), damit später keine widersprüchlichen Anforderungen gehandhabt werden müssen.
- Schnittstellen bzw. Auftragsübergaben zwischen Teams und Mitarbeitern besser dokumentiert werden.

*Arbeitsplatzgestaltung nach ergonomischen Gesichtspunkten*
Haben Sie im Rahmen der Analyse Hinweise dafür gesammelt, dass es Veränderungsbedarf bei der Ausstattung und ihrer Anwendung gibt, dann beziehen Sie diese in Ihre Überlegungen zu gesundheitsförderlichen Arbeitsbedingungen mit ein.
Heute ist ein Arbeiten am PC über mehrere Stunden am Tag in fast allen Branchen unabdingbar und so sollte der Bildschirm ins richtige Licht gerückt werden. Eine ausreichende Beleuchtung schont die Augen. Das Licht sowie das Raumklima beeinflussen das persönliche Wohlbefinden Ihrer Mitarbeiter. Gerade Tageslicht und eine ruhige Arbeitsumgebung spielen für die Leistungsfähigkeit eine zentrale Rolle. Ist nicht genügend Tageslicht vorhanden empfiehlt es sich, die Arbeitsräume gleichmäßig hell auszuleuchten. Durch zusätzliche Einzelplatzleuchten am Arbeitsplatz können sich Ihre Mitarbeiter die Beleuchtung an die individuellen

6

Bedürfnisse anpassen. Dabei ist darauf zu achten, dass sich die Beleuchtung sowie die Fenster nicht in den Monitoren spiegeln und eine Blendung entsteht. Des Weiteren empfiehlt es sich, in den Büroräumen Möbel mit matten Oberflächen aufzustellen, um eine Spiegelung des Tageslichtes zu vermeiden.

Ein gutes Raumklima steigert das Wohlbefinden und beugt Ermüdungserscheinungen vor. Als optimal gelten 21 bis 22 Grad Celsius für Büroarbeit. Die Luftfeuchtigkeit sollte 50 % betragen. Da die Büroluft oftmals zu trocken ist, kann es dadurch zu trockenen Schleimhäuten kommen. Pflanzen wirken dem entgegen, denn Pflanzen produzieren nicht nur Sauerstoff, sondern erhöhen auch die Luftfeuchtigkeit. Um die Luftfeuchtigkeit zu erhöhen, können auch Wasserverdunster aufgestellt werden. Regelmäßiges Stoßlüften mit weit geöffneten Fenstern ist besser als Dauerlüften mit gekipptem Fenster. Gerade im Sommer ist es gut, wenn Jalousien an den Fenstern als Schattenspender und zur Reduzierung der Raumtemperatur angebracht sind.

Eine ruhige Arbeitsplatzumgebung ist notwendig, um konzentriert und leistungsstark arbeiten zu können. Dabei wird empfohlen, dass schon beim Kauf von Bürogeräten (z. B. Drucker) auf die Geräuschemissionswerte geachtet wird. Geräuschintensivere Geräte sollten wenn möglich in einem separaten Raum untergebracht werden. Um eventuell mehr Ruhe in den Büroalltag zu bringen, kann es hilfreich sein, Trennwände oder abschirmende Schrankelemente aufzustellen. Ein weiterer Lärmfaktor im Arbeitsraum kann das Telefon sein. Wenn Arbeiten zu erledigen sind, die Sie in Ruhe durchführen müssen, besteht die Möglichkeit, das Telefon in ein anderes Büro umzuschalten bzw. an einen Mitarbeiter abzugeben (vgl. Gesellschaft Arbeit und Ergonomie, 2004, 🖥 VI 02).

Eine ausreichende Beleuchtung, ein niedriger Geräuschpegel und ein angenehmes Raumklima sind wichtige Grundvoraussetzung für eine hohe Leistungsfähigkeit Ihrer Beschäftigten.

### Teamentwicklung unterstützen

Sie sind in Ihrem Metier auf effektive Teamstrukturen angewiesen. Zugleich arbeiten Sie mit fachlich unterschiedlich spezialisierten Mitarbeitern und kreativen Individualisten? Da ist Fingerspitzengefühl bei der Zusammenstellung der Projektteams gefragt. Und es wird häufiger notwendig sein, sie in ihrer Entwicklung zu unterstützen.

Im Idealfall sieht es so aus: Die Qualifikationen der Teammitglieder sind aufeinander abgestimmt, und die Mitglieder haben die Möglichkeit, ihre Fähigkeiten zu entfalten. Die gemeinschaftliche Zielerreichung ist gekennzeichnet durch gegenseitige Unterstützung, Verbundenheit und kritische Selbstreflexion. Konflikte werden offen angesprochen und konstruktive Kritik fördert das Betriebsklima. Eine offene Kommunikation und ein stetiger Informationsfluss auch zu anderen Teams bauen Verständigungsprobleme ab und fördern die Ideenfindung. Die Teamleitung ist nicht auf eine konventionelle Vorgesetztenrolle beschränkt, sondern nimmt eher eine koordinierende Rolle ein.

siehe Kapitel 5, S. 91

Soweit die Idealbedingungen, die sich allerdings nicht naturwüchsig herstellen. Deshalb ist es notwendig, dass die Mitarbeiter Gelegenheit erhalten, ihre Teamkompetenzen weiter zu entwickeln.

Teamentwicklung zielt darauf:

- das Rollenverständnis eines jeden Mitarbeiters innerhalb der Gruppe zu verbessern,
- das Verständnis für die Rolle des Teams in der Gesamtorganisation zu erweitern,
- die Kommunikation der Gruppenmitglieder zu verbessern,
- die Schnittstellen im Team bewusst zu gestalten,
- die gegenseitige Unterstützung und Kooperation zu stärken,
- bestehende Probleme und Konflikte zu analysieren und konstruktiv zu lösen,
- das Bewusstsein dafür zu schaffen, dass die Teammitglieder aufeinander eingestimmt und angewiesen sind
  (vgl. Rosenstiel et al., 2005).

Ein Teamtraining sollte diese Aspekte berücksichtigen. Im Folgenden stellen wir beispielhaft eine Möglichkeit der Teamentwicklung dar.

In Teamtrainings versucht man, sich mit Problemen und Widerständen auseinander zu setzen und diese zu überwinden. Die Motivation, der Zusammenhalt und die Kooperation der Gruppe sollen verbessert werden. So kann das Team in eine höhere Entwicklungsstufe geführt werden. Die Projektmitglieder durchlaufen einen kollektiven Lernprozess, um bewusst und gezielt ein Team aufzubauen. Geleitet wird das Teamtraining durch einen Trainer, der nicht zwangsläufig der Teamleiter oder der Vorgesetzte sein muss. Oft empfiehlt sich, einem externen Trainer diese Aufgabe zu übertragen, denn er kann eine neutrale Position einnehmen und ist den einzelnen Teammitgliedern gegenüber unbefangen.

Grundvoraussetzung für ein Teamtraining ist, dass im Team selbst grundsätzlich der Wunsch nach Veränderung vorhanden ist. Wenn Sie das Teamtraining planen, beachten Sie bitte folgende organisatorischen Schritte:

1. Stellen Sie die Problemfelder im Team dar und legen Sie die Ziele des Trainings fest: Mögliche Handlungsfelder können z. B. Kommunikation, Integration, Reflexion oder Zusammenarbeit sein
2. Planen Sie die Maßnahme
   Auswahl der Mitarbeiter, Teilnehmerinformation, Terminierung
3. Klären Sie die Rahmenbedingungen
   Finanzieller Rahmen, Trainerangebot, geeignete Räume oder (Outdoor-) Gelände, notwendige Technik
4. Nachbereitung (Legen Sie dafür vorher einen Termin fest.)

Die Durchführung der Teamtrainings sollte auf die Bedürfnisse der Gruppe abgestimmt werden. Voraussetzung ist, dass jedes der Teammitglieder einem solchen Training offen gegenübersteht. Die aktuelle Situation des Teams bildet den Ausgangspunkt. Um diese zu erfassen, bietet es sich an, vorher in Gesprächen mit den Teamleitern und einzelnen Mitarbeitern die Erwartungen oder Unterstützungsbedarfe zu klären. Beispielhafte Themen für ein Teamtraining können die Kommunikation im Team, Feedbackregeln bzw. Anerkennung oder die Nutzung der unterschiedlichen Fähigkeiten im Team sein (vgl. Lehmann; Deplazes, 2008a). Ein Vorschlag: Zur Stärkung Ihres Teams können Sie auch „Outdoor-Aktivitäten"

einbeziehen z. B. das Team geht gemeinsam Klettern oder auf eine Segeltour und lernt dabei, sich in neuartigen und herausfordernden Situationen aufeinander zu verlassen.

Stärken Sie Ihre Mitarbeiter systematisch und durch methodische Hilfen und Qualifizierung für eine gute Teamkooperation. Die Zusammenarbeit im Team muss immer wieder neu und stetig gepflegt werden.

### Work-Life-Balance (WLB) – Ausgewogenheit ermöglichen

Der Begriff Work-Life-Balance ist in aller Munde, doch eine einheitliche und konsistente Definition gibt es nicht. Unter Balance kann jedoch der Versuch verstanden werden, in einem andauernden Prozess, den Beruf und das Privatleben miteinander in Einklang zu bringen.

Die allgemeine Definition des Deutschen Netzwerkes für Betriebliche Gesundheitsförderung bestimmt das Ziel dieses Balanceprozesses näher: „WLB-Aktivitäten und -Maßnahmen [...] fallen meist in die Bereiche Arbeitsgestaltung, Personal- und Gesundheitspolitik und dienen in erster Linie der Flexibilisierung der Arbeit. Indem sie die gewünschte Balance fördern, reduzieren sie Belastungen und stärken Ressourcen" (vgl. DNBGF - Deutsches Netzwerk für Betriebliche Gesundheitsförderung (o.J.), ⌨ VI 03).

Was muss in Balance gebracht werden?

Grundsätzlich wird von der Vereinbarkeit der Arbeit mit anderen Lebensbereichen gesprochen, denn die Arbeit nimmt einen großen Teil unseres Lebens ein. Folgende Aspekte können dabei in Bezug zur Arbeit betrachtet werden:

• Beruf/Arbeit und Privatleben,
• Beruf/Arbeit und Familienleben und
• Beruf/Arbeit und pflegende Angehörige

Wenn Sie WLB-Maßnahmen für Ihr Unternehmen planen, müssen Sie zunächst die unterschiedlichen Lebenssituationen der Mitarbeiter berücksichtigen. Während der Mitarbeiter mit Kindern evtl. eher das Interesse hat, Zeit mit der Familie zu verbringen und flexible Arbeitszeiten benötigt, so interessiert sich evtl. der ältere Beschäftigte eher für den Erhalt seiner Beschäftigungsfähigkeit und entsprechende generelle Arbeitszeitverkürzungen. Mitarbeiter, die Angehörige pflegen, benötigen in vielen Fällen ebenfalls Arbeitsentlastungen, ob in Form einer Arbeitszeitreduzierung oder auch zeitweise Freistellungen.

> Wenn Sie Ihre Mitarbeiter darin unterstützen wollen, Arbeit und Privatleben in eine gesunde Balance zu bringen, müssen Sie die unterschiedlichen Lebenssituationen, in denen sie sich befinden, berücksichtigen und dann mit ihnen individuelle Lösungen entwickeln.

Es gilt also, verschiedene Maßnahmen im Unternehmen zu verankern, um unterschiedliche Adressaten ansprechen zu können. Dementsprechend können bei der Planung von WLB-Maßnahmen, selbst wenn Sie bereits Vertrauensarbeitszeit und weitgehend selbstverantwortliche Arbeitsgestaltung verabredet haben, folgende Aspekte berücksichtigt werden:

- Flexibilisierung des Arbeitsortes (z. B. Tätigkeiten, die keine permanente Anwesenheit erfordern)
- Reduzierung der Arbeitszeit (z. B. Lebensphasen-bezogene Teilzeitarbeit)
- Verteilung der Arbeitszeit im Lebensverlauf z. B. Arbeitszeitkonten, Sabbaticals (verabredete Auszeit)
- flexiblere Gestaltung der Arbeitsabläufe und Arbeitsinhalte z. B. Jobsharing, Job-Rotation
- Unterstützung bei der Kinderbetreuung z. B. durch eine betriebseigene oder durch eine von einem KMU-Netzwerk betriebene Kindertagesstätte, Einsatz einer Tagesmutter
- Gesundheitsförderung z. B. Fitness, Entspannung, Stressbewältigung, Ausbau der Gesundheitskompetenz (vgl. Institut für Demoskopie Allensbach, 2005).

Laut DGB-Index Gute Arbeit (2007) sind die Hauptquellen einer guten Balance bei den Vollzeitbeschäftigten gute Arbeitsbedingungen. Gute Arbeit wird von den Befragten u.a. durch ein hohes Maß an Einfluss- und Entwicklungsmöglichkeiten, berufliche Zukunftssicherheit und geringe körperliche und emotionale Belastungen charakterisiert. Stimmt die Work-Life Balance ihrer Mitarbeiter nicht, dann leiden die Arbeitsmotivation, die Gesundheit, die Familie und das soziale Leben darunter.

Aus der Geschäftsführerperspektive gesehen ist es in diesem Zusammenhang sehr wichtig, darauf zu achten, dass z. B. bei der Einführung von Arbeitszeitflexibilisierung das Verständnis bei allen Mitarbeitern vorhanden ist und alle erkennen können, dass davon die Organisation als Ganze profitiert.

### Der familienfreundliche Betrieb

Haben Sie selbst Familie? Dann kennen Sie auch die Konfliktlagen, die im Alltag entstehen, wenn die Herausforderungen der beiden Lebensbereiche in Einklang gebracht werden müssen. In Anknüpfung an das Leitbild humaner Arbeit geht es bei einer familiengerechten Arbeitsgestaltung darum, Spielräume zu schaffen, die es den Mitarbeitern ermöglichen, den Anforderungen im beruflichen und außerberuflichen Bereich ohne gesundheitliche Beeinträchtigung nachzukommen und sich dabei persönlich weiterzuentwickeln.

Was zählt für Sie zu familienfreundlichen Maßnahmen des Unternehmens?
Jedes Unternehmen ist anders und daher müssen individuelle Maßnahmen erarbeitet werden, zur Familienfreundlichkeit Ihres Unternehmens beitragen. Angesichts des angeführten demografischen Wandels und des drohenden Fachkräftemangels ist eine familienbewusste Personalpolitik unumgänglich. Familienfreundlichkeit wird von immer mehr Unternehmen als Wettbewerbsvorteil erkannt.

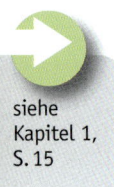

siehe Kapitel 1, S. 15

Die Studie „Betriebswirtschaftliche Effekte einer familienbewusste Personalpolitik" des Forschungszentrum Familienbewusste Personalpolitik (FFP) belegt folgende positive Effekte familienfreundlicher Unternehmen:

• Die Stärkung der Mitarbeiterbindung,
• die Steigerung der Mitarbeitermotivation und Zufriedenheit,
• die Identifikation der Mitarbeiter mit dem Unternehmen,
• die Steigerung der Leistungsfähigkeit,
• das angenehme Betriebsklima,
• die Reduzierung der Fehlzeiten und
• durch das familienbewusste Image ist die Rekrutierung neuer Fachkräfte leichter (vgl. Schneider et al., 2008).

Die Kennzeichen eines familienfreundlichen Betriebes sind laut einer Umfrage des Instituts für Demoskopie Allensbach (2005):

- flexible Arbeitszeiten (Dauer, Lage, Verteilung, Flexibilisierung) und Arbeitszeitkonten als größtes Handlungsfeld,
- die Erleichterung des Wiedereinstiegs in den Beruf z. B. nach der Elternzeit,
- die Gewährung von Sonderurlaub bei Krankheit des Kindes,
- Tele- und Heimarbeitsplätze,
- Angebote zur Kinderbetreuung oder die finanzielle Beteiligung des Arbeitgebers an den Kosten für die Kinderbetreuung.

Was Unternehmen tun können, zeigen die folgende Praxisbeispiele (vgl. Lasa Brandenburg, 2008, 🖥 VI 06):
Darin finden Sie auch Gesprächsleitfäden zum Thema Mutterschutz und Elternzeit sowie Informationen über die damit verbundenen rechtlichen Aspekte.

6

*Ein Audit für den familienfreundlichen Betrieb*

Die „berufundfamilie gGmbH" wurde von der gemeinnützigen Hertie-Stiftung gegründet. Seit 1998 bietet sie unter anderem das Audit berufundfamilie als Managementinstrument an. Dieses hält maßgeschneiderte, gewinnbringende Lösungen zur besseren Vereinbarkeit von Beruf und Familie bereit. Sie begleitet Unternehmen bei der nachhaltigen Umsetzung von familienbewussten Maßnahmen. Eingebunden ist das audit berufundfamilie in ein Netzwerk unter der Schirmherrschaft der Bundesfamilienministerin und des Bundeswirtschaftsministers. Das Audit hat sich zu einem Gütesiegel für Familienbewusstsein entwickelt und ist bundesweit aktiv und steht für alle Fragen rund um die Vereinbarkeit von Familie und Beruf zur Verfügung. Ausgangspunkt beim Audit ist ein Kriterienkatalog, der sich auf die 8 folgenden Handlungsfelder bezieht:

- Arbeitszeit: Maßnahmen flexibler Arbeitszeitgestaltung hinsichtlich Zeitpunkt, Umfang und Freistellungsregelungen. Dadurch wird der Gestaltungsspielraum der Mitarbeiter erweitert und die familiären Anforderungen können besser vereinbart werden.
- Arbeitsorganisation: Methoden der flexiblen Gestaltung und Verteilung der Arbeitsaufträge. Die Einsatzbereitschaft der Mitarbeiter wird dadurch erhöht.
- Arbeitsort: Möglichkeiten eines flexiblen Arbeitsortes (z. B. Büro, zu Hause, auf Reisen).
- Informations- und Kommunikationspolitik: unternehmensinterne Öffentlichkeitsarbeit über familienfreundliche Aktivitäten.
- Führungskompetenz: familienbewusstes Verhalten der Führung, Förderung der Kommunikations- und Konfliktfähigkeit.
- Personalentwicklung: Qualifizierungsmaßnahmen für Beschäftigte mit Familie. Wird die familiäre Situation der Beschäftigten berücksichtigt?
- Entgeltbestandteile und geldwerte Leistungen: Möglichkeiten der finanziellen und sozialen Unterstützung.
- Service für Familien: Kann die Betreuung von Kindern oder pflegebedürftigen Angehörigen gesichert werden?

Das Zertifikat der berufundfamilie gGmbH hat sich zum anerkannten Qualitätszertifikat etabliert und bietet eine Möglichkeit sich dem Thema professionell zu nähern (vgl. Berufundfamilie gemeinnützige GmbH, 2010, 💻 VI 01).

Ihre Mitarbeiter werden in manchen Lebensphasen familiär besonders gefordert sein. Wollen Sie sie im Unternehmen halten, berücksichtigen Sie dies z. B. durch eine flexible Gestaltung der Arbeitszeit. Schaffen Sie Bedingungen, die es Ihren Mitarbeitern trotz Belastungen durch Kindererziehung oder Pflege von Angehörigen ermöglichen, leistungsfähig zu bleiben und sich mit Ihrem Unternehmen zu identifizieren.

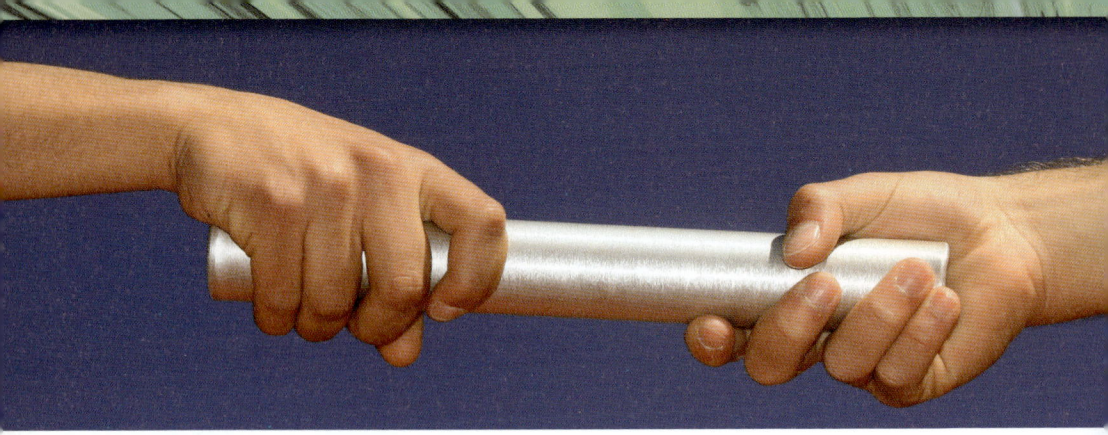

## Stärken Sie die Motivation zur Teilnahme an Gesundheitsangeboten

Je individualistischer moderne Lebensstile geprägt sind, desto heterogener wird Ihre Belegschaft in ihren Lebensvorstellungen sein und umso unterschiedlicher ist auch ihr Umgang mit Gesundheit, Freizeit, dem eigenen Körper, der Ernährung oder mit Sport- und Entspannungsangeboten. Erfahrungen zeigen, dass jeder Mitarbeiter seinen persönlichen Weg zur Gesundheitsförderung finden muss.

### Mitarbeiter richtig ansprechen und abholen

Neben einer guten Ausgangsanalyse und Beteiligungsmöglichkeiten für die Mitarbeiter schon in der Vorbereitungsphase ist es mindestens ebenso wichtig, dafür zu sorgen, das Gesundheitsprogramm schließlich „ins Laufen" zu bringen. Erfahrungen aus zahlreichen Projekten zeigen, dass ein Teil der Mitarbeiter bereits selbst aktiv ist, ein anderer Teil Gesundheitsangeboten zwar grundsätzlich aufgeschlossen gegenübersteht, aber bisher nicht aktiv geworden ist, und zumeist ein dritter Teil der Belegschaft eher skeptisch ist oder mit diesem Thema nicht behelligt werden möchte.

Programme zur Betrieblichen Gesundheitsförderung müssen für die Belegschaften maßgeschneidert sein und die einzelnen Mitarbeiter bei ihren persönlichen Bedürfnissen abholen. Die Schwierigkeit besteht darin, dass die Beschäftigten unterschiedliche Überzeugungen (z. B. Absichtslose, Absichtsvolle, Handelnde) zu Gesundheit haben. Darauf gilt es, mit passenden Ansprachen, Angeboten und Herausforderungen einzugehen.

Der am schwierigsten zu erreichende Teil der Mitarbeiter sind diejenigen, die sich entweder bisher gar nicht mit Gesundheit beschäftigt haben und entsprechende Gefahren nicht kennen oder Beschäftigte, die dem Thema skeptisch gegenüberstehen. Diese Absichtslosen sind zum Teil über eine sogenannte Risiko- und Ressourcenkommunikation zu erreichen. Eine Rückmeldung zum persönlichen Risiko kann durch Vermittlung der Zusammenhänge zwischen belastenden Verhältnissen bzw. Verhaltensweisen und möglichen Gesundheitsschäden nahegebracht werden. Allerdings sollte nicht nur die Risikowahrnehmung geschärft werden, sondern grundsätzlich die subjektive Selbstwirksamkeitserwartung gestärkt werden. Am besten gelingt dies, wenn kurzfristig erreichbare Ziele gesetzt werden. Die damit leichter zu erzielenden Erfolgserfahrungen wirken sich positiv auf die Selbstwirksamkeitserwartung aus. Es wird erfahrbar, dass sich eigene Anstrengungen positiv auszahlen.

Die Selbstwirksamkeitserwartung beschreibt die eigenen persönlichen Erwartungen, aufgrund individueller Kompetenzen gewünschte Handlungen selbst erfolgreich umzusetzen. Ein Beschäftigter mit einer hohen Selbstwirksamkeitserwartung glaubt demnach daran, eine Verhaltensänderung bewirken zu können. Auch in schwierigen Situationen kann er dann selbstständig Einfluss auf die Situation oder seine Gesundheit nehmen (vgl. Schwarzer, 2004).

Die Mitarbeiter, die zwar den Sinn von gesundheitsfördernden Maßnahmen einsehen, aber bisher nicht im Sinne der Gesundheitsprävention aktiv geworden sind, benötigen eine andere Ansprache. Diese Gruppe der Absichtsvollen muss unterstützt werden, damit sie ihre Intuitionen und Absichten wirkungsvoll ins Handeln übersetzen kann. Sie ist erreichbar, wenn verdeutlicht werden kann, wie die Integration von gesundheitsfördernden Maßnahmen in den beruflichen Alltag gelingt, dass dies auch Spaß machen und erfolgreich sein kann. Nur wer selbst davon überzeugt ist, dass er auch etwas für seine Gesundheit bewirken kann, wird nachhaltig sein Verhalten verändern. Diese subjektiven Überzeugungen können durch gezielte und maßgeschneiderte Präventionsmaßnahmen positiv verändert werden (vgl. Schwarzer, 2004).

Mitarbeiter, die bereits etwas für ihre Gesundheit tun, müssen nur dann gefördert werden, wenn trotzdem z. B. im betrieblichen Zusammenhang noch weiterer Bedarf besteht. Diese Handelnden sollten gegen Rückfälle gestärkt werden, damit ihre Motivation aufrechterhalten wird. Ein Weg ist, optimistische innere Dialoge zu erzeugen und so eventuelle Krisensituationen oder Rückfälle überwinden zu helfen. Hier gilt es zu erkennen, mit welchen interessanten und passgenauen Angeboten sie langfristig motiviert werden können.

### Einen Gesundheitstag zum Kennenlernen von Methoden durchführen

Für Ihre Mitarbeiter und Sie selbst ist es vorteilhaft, direkt mit Gesundheitsdienstleistern sprechen und bisher unbekannte Methoden ausprobieren zu können. Dies ist an einem Gesundheitstag möglich: Geben Sie Ihren Mitarbeitern die Gelegenheit, an diesem Tag verschiedene Angebote kennen zu lernen. Laden Sie dazu Dienstleister in Ihr Unternehmen ein oder nehmen Sie an einem in Ihrer Region durchgeführten Gesundheitsaktionstag teil. Stellen Sie Ihre Mitarbeiter an diesem Tag für eine gewisse Zeit frei. Das wirkt motivierend für die Teilnahmebereitschaft.

Für Sie als Kleinunternehmer alleine lohnt sich die selbständige Organisation eines Gesundheitstages mit großer Angebotsbreite nicht. Dies ließe sich nur in einem Netzwerk mit anderen Unternehmen gemeinsam realisieren, um den Aufwand überschaubar zu halten. Dann kann auch leichter mit Krankenkassen kooperiert werden, die zu solchen Aktionen zusätzliche Leistungen wie z. B. Gesundheitschecks zur Verfügung stellen können.

siehe dazu „Netzwerk" in Kapitel 8, S. 153

Eine gute Form, Mitarbeiter zu motivieren, ist, Ihnen Gesundheitsangebote im wahrsten Sinne des Wortes ins Haus zu bringen. Agieren Sie also nicht im Netzwerk sondern selbständig, dann laden Sie ausgewählte Anbieter in Ihr Unternehmen ein, damit Ihre Mitarbeiter an Testtrainings teilnehmen und ein persönliches Beratungsgespräch mit den Anbietern führen können. Sie und Ihre Mitarbeiter werden nicht alle Methoden der Gesundheitsdienstleister bereits kennen. Immer wieder finden sich neue, teilweise exotisch klingende Angebote auf dem Markt. Deshalb – und auch damit Sie persönlich die Personen, die die Dienstleistungen anbieten, kennen lernen und erfahren, wie die Methoden wirken – ist es sinnvoll, eine solche Gelegenheit zu schaffen. So wird z. B. auch körperlich erfahrbar, wie „Aktives Sitzen" Haltungsschäden und Verspannungen vermeiden hilft, wie „Qi Gong" zur Entspannung beiträgt oder wie ein „Stressbewältigungsseminar" aufgebaut ist. Nach einer gemeinsamen Bewertung können Sie und Ihre Mitarbeiter sich dann entscheiden, wer in Zukunft regelmäßig kommen soll.

### *Flexibilität gewährleisten, um Teilnahme zu erleichtern*

Typisch für kleine Dienstleistungsunternehmen ist, dass sie ihre Leistungen sehr flexibel nach Kundenerwartungen erstellen müssen. Ausgangspunkt sind die zeitlichen Rahmenbedingungen. Von daher kann ausgelotet werden, wo es zeitliche Spielräume gibt.

Wollen Sie Ihren Mitarbeitern die Möglichkeit geben, während der Arbeitszeit oder doch zumindest teilweise verknüpft mit der Arbeitszeit für ihre Gesundheit aktiv zu werden?

### Zeit für die Gesunderhaltung anbieten

Sie können z. B. zur Mittagspause eine halbe Stunde Arbeitszeit gewähren, damit Mitarbeiter an einem Yogakurs teilnehmen können. Sie werden danach körperlich entspannter und geistig wach an den Arbeitsplatz zurückkehren. Sie können auch, wenn sich eine Mindestteilnehmerzahl (z. B. ab 3 Mitarbeitern) dafür zusammengefunden hat, einen Masseur ins Unternehmen kommen lassen, damit die Bildschirmarbeiter ihre Rücken- und Nackenverspannungen lockern können. Solche „Auszeiten mit Streicheleinheit" werden gerade in Phasen hoher Arbeitsintensität sehr geschätzt und erhöhen die Konzentrationsfähigkeit.

Angebote für Early Birds – Die Frühaufsteher unter Ihren Mitarbeitern schätzen es vielleicht, noch vor Aufnahme der Arbeit aktiv zu werden. Sie kommen nach dem Laufen, dem Schwimmen oder anderer körperlicher Ertüchtigung wach zur Arbeit. Sie können Ihnen dafür z. B. ein Mal pro Woche eine halbe Stunde Arbeitszeit verrechnen.

Insbesondere Mitarbeiter mit einem späteren Biorhythmus werden Angebote nach Beendigung der Arbeit bevorzugen. Personen, die keine Familie mit kleinen Kindern haben, wird es z. B. auch nach 18 Uhr möglich sein, eine Sportstätte oder einen Gesundheitskurs aufzusuchen.

### Finanzielle Unterstützung anbieten

Eine Alternative oder Ergänzung für die zeitliche Kompensation der Gesundheitsaktivitäten ist die Beteiligung an den Kosten. Nutzen Sie die steuerlichen Vergünstigungen, die Ihnen der Gesetzgeber seit 01.01.2009 dafür bietet.

„steuerliche Vergünstigungen", siehe Kapitel 4, S. 86

Aus Erfahrung vieler Arbeitgeber ist eine Kostenaufteilung zwischen Arbeitgeber und Arbeitnehmer entsprechend der geteilten Verantwortung für die Gesunderhaltung sinnvoll. Die regelmäßige Teilnahme an Kursen oder der regelmäßige Besuch von Trainingseinrichtungen z. B. Fitnesscentern sollte zur Bedingung für die Kostenübernahme gemacht werden.

„Kostenübernahme durch Krankenkassen", siehe Kapitel 4, S. 77

Grundsätzlich besteht die Möglichkeit, dass sich die Krankenkassen im Rahmen Ihres Präventionsauftrages an den Kosten beteiligen, die ihren Versicherten entstehen. Eine weitere könnte im Rahmen einer Netzwerkkooperation entstehen, wenn es gelingt, die Nachfrage nach Gesundheitsdienstleistungen aus mehreren Unternehmen zu bündeln. Dann nämlich können die Krankenkassen von einer Mindestzahl an Versicherten aus einem Unternehmenspool ausgehen.

Machen Sie Ihren Mitarbeitern ein klares Angebot, das entweder die Übernahme eines Teils der Kosten von Gesundheitskursen beinhaltet oder eine zeitliche Freistellung zur Kursteilnahme.

Eine Schwierigkeit wird in diesem Zusammenhang immer wieder deutlich: Wie kann in einem System der Förderung und des Einforderns von Beteiligung Gerechtigkeit hergestellt werden? Warum sollten z. B. rauchende Mitarbeiter durch die Kostenübernahme für ein Rauchentwöhnungsseminar belohnt werden, während die nichtrauchenden Mitarbeiter leer ausgehen? Oder: Während einige Mitarbeiter sich individuell in ihrer Freizeit fit halten, erhalten andere vom Unternehmen einen finanziellen Beitrag, damit sie an einem betrieblich organisierten Fitnesskurs teilnehmen?

Wollen Sie sichergehen, dass die von Ihnen angeboten Maßnahmen der betrieblichen Gesundheitsförderung von den Mitarbeitern auch genutzt werden?

Umfassende Leistungsgerechtigkeit wird sich nicht herstellen lassen. Dazu sind die Bedürfnisse der einzelnen Mitarbeiter zu unterschiedlich. Sie sollten aber im Blick haben, wie Sie einen möglichst gerechten Ausgleich zwischen den unterschiedlich aufgeschlossenen bzw. aktiven Gruppen im Unternehmen schaffen können.

Dabei kann es gerade anfangs wichtig sein, ein Anreizsystem zu entwickeln, damit die Mitarbeiter die Angebote längerfristig nutzen. Die Anreize für die Teilnahme an Gesundheitsmaßnahmen können sehr unterschiedlich sein. Im Folgenden werden ausgewählte Möglichkeiten vorgestellt, die Motivation wecken könnten:

1. Monetäre Anreize (z. B. finanzieller/materieller Anreiz)
2. Nicht monetäre Anreize (z. B. kollektive Events, Wettbewerb)

siehe
Kapitel 4,
S. 75

Zum einen können Sie selbst einen finanziellen Anreiz schaffen, indem Sie versuchen, mit einer Krankenkasse eine Kooperation aufzubauen, die Bonusprogramme für Unternehmen anbieten.

Möglichkeiten, die Sie selbst anbieten könnten, wären Prämienprogramme. Wenn die Beschäftigten z. B. mindestens an 6 sportlichen Veranstaltungen innerhalb eines Jahres teilnehmen, dann erhalten Sie eine Zuwendung von Ihnen. Eine weitere Möglichkeit ist es, Ihren Mitarbeitern ans Herz zu legen, dass Sie eher die Treppen anstelle eines Fahrstuhls nehmen. Zur Motivation kann es sinnvoll sein, die Beschäftigten mit einem Schrittzähler auszustatten. Wer die meisten Schritte gelaufen ist, erhält eine Zuwendung. Diese Zuwendungen können Geldleistungen, ein Zuschuss zum Bahnticket oder ein Freizeitausgleich sein. Ob solche Zuwendungen passend sind, ist von der Einstellung und den individuellen Bedürfnissen ihrer Mitarbeiter abhängig. Möglich wäre, die gewünschten Anreize in einer Mitarbeiterbefragung zu erkunden, wenn Sie eine solche in der Analysephase sowieso durchführen.

Gerade nicht monetäre Anreize gewinnen zunehmend an Bedeutung. Ihre Mitarbeiter sind motivierter, je individueller und flexibler das Anreizsystem ausgestaltet ist.

| monetärer Anreiz | nicht-monetärer Anreiz |
|---|---|
| Erstellen von Bonus- und Prämienprogrammen | Persönlichen Wettbewerb anregen |
| (evtl. in Kooperation mit einer externen Einrichtung z. B. einer Krankenkasse)<br><br>Beispiel: Teilnahme an regelmäßigen Sportangeboten wird mit einer finanziellen Prämie belohnt. | • Beispiel: sportliche Aktivitäten der Mitarbeiter mit Punkten bewerten und innerhalb eines Zeitraumes sich stetig verbessern und somit den sportlichen Ehrgeiz wecken |
| Wettbewerb innerhalb des Teams anregen | Sportliche Events mit Teamcharakter anbieten |
| Beispiel: Jeder Mitarbeiter erhält einen Schrittzähler und ist somit angehalten eher die Treppen zu benutzen, als den Fahrstuhl. Das Team mit der höchsten Laufleistung erhält einen Preis z. B. Einladungskarten zu einem gemeinsamen Konzertbesuch, einem Essen, einem Wellnessangebot etc. | Beispiel: im Hochseilgarten, beim Kanufahren oder in einer Laufgruppe wird der Teamgeist angeregt und man betätigt sich dabei körperlich. Das Unternehmen sponsort einen Teil des Eintrittsgeldes, Mannschafts-T-Shirts o. ä. |

***Abb. 21: Anreize zur Teilnahme an Gesundheitsprogrammen***
*Quelle: Eigene Darstellung nach Kählert et al., 2010,* 🖥 VI 05

Zu den nicht monetären Anreizen zählen kollektive sportliche Events (z. B. Hochseilgarten, Kletterwand, Bootstour). Endlich einmal zusammen mit dem Team einer sportlichen Aktivität nachkommen, die Spaß macht und gleichzeitig die Teamentwicklung fördert (siehe vorheriger Abschnitt zu Teamtraining). Sollte das nicht Anreiz genug sein, ist es möglich, einen kollektiven sportlichen Event mit einem finanziellen Anreiz zu verbinden. So kann z. B. für den Gewinner des Kletterevents oder für das Gewinnerteam der Bootstour ein Preis (z. B. eine Theaterkarte, ein Wellnesswochenende) oder eine Geldprämie bereit gehalten werden.

Eine weitere Möglichkeit wäre die Organisation eines internen Wettbewerbs mit dem Ziel, innerhalb eines bestimmten Zeitraumes soviel „Gesundheitspunkte" wie möglich zu sammeln. Der Beschäftigte erhält eine vorher definierte Punktzahl für jede sportliche Aktivität, die Teilnahme an Präventionskursen und gute Körperwerte. Der Beschäftigte mit den meisten Punkten am Ende des Wettbewerbes gewinnt. Dabei geht es nicht nur um den Wettbewerb unter Kollegen, sondern auch darum, sich selbst immer wieder neu herauszufordern.

Weitere Gestaltungsmöglichkeiten ergäben sich in einem regionalen Unternehmensnetzwerk. Nehmen mehrere Unternehmen an einem Wettbewerb teil und nutzen innerhalb eines bestimmten Zeitraumes Gesundheitsangebote, können diese dafür einen Bonus erhalten. Der Mitarbeiter oder die Abteilung mit den meisten Aktivitäten erhält beispielsweise zusätzlich eine Prämie für ihr Unternehmen.

Ob Anreize dieser oder anderer Art – Sie werden, um Gesundheitsförderung nachhaltig in ihrem Unternehmen ansiedeln zu können, Personen benötigen, die das Thema immer wieder kommunizieren.

siehe dazu „Gesundheitspromotoren" in Kapitel 3, S. 45

# Kapitel 7
# Geeignete Partner finden

## Mit gleichgesinnten Unternehmen kooperieren

Es gibt eine ganze Reihe von Gründen, als Kleinunternehmen auf dem Weg zur Betrieblichen Gesundheitsförderung nicht alleine zu agieren.

Spezielle Angebote für einzelne, kleine Unternehmen sind aufwändig zu organisieren und oft nicht wirtschaftlich. Sie verfügen eventuell nicht über ausreichende personelle und räumliche Ressourcen, um Gesundheitsangebote zu organisieren oder inhouse durchzuführen. Sie müssen also auf in der Region vorhandene Leistungsangebote, die allen zugänglich sind (etwa das örtliche Fitnessstudio), ausweichen.

Die Nachteile solcher Einzellösungen für Ihr Unternehmen sind zudem:

- Hohe Mitgliedsbeiträge für die Mitarbeiter oder hohe Kosten für Sie, wenn Sie die Kurskosten übernehmen.
- Kein oder geringer Einfluss auf die Angebote der Gesundheitsdienstleister.
- Hoher organisatorischer Aufwand wegen einzelner vertraglicher Bindungen an verschiedene Dienstleister.
- Aufwändige Recherche und Qualitätsprüfung von Dienstleistern.

Machen Sie sich bewusst, dass auch andere Unternehmen, vielleicht direkt in Ihrer Nachbarschaft, in Ihrem Berufs- oder Unternehmerverband etc. vor denselben Herausforderungen stehen wie Sie. Holen Sie doch einmal Erkundigungen ein; vielleicht haben diese schon Vorarbeit geleistet und Sie können daran anknüpfen. Vielleicht gibt es unweit von Ihrem Unternehmen auch Dienstleister, die sich mit Betrieblicher Gesundheitsförderung auseinandersetzen und spezielle Angebote vorhalten, die für Ihr Unternehmen passen.

Hat in Ihrer Nähe ein Großunternehmen einen Standort? Große Unternehmen haben oft schon ein eigenes System der Gesundheitsförderung etabliert. Dort hat man die Erfahrung gemacht, dass Inhouse-Angebote diverse Vorteile haben:

- Eigene Räumlichkeiten erlauben die bequeme Erreichbarkeit für die Mitarbeiter.
- Es wird Zeit gespart.
- Soziale Kontakte innerhalb der Belegschaft werden ausgebaut.
- Sie stärken die Corporate Identity.

Die hohen Nutzerzahlen allein durch die Anzahl der Beschäftigten erlauben diesen Unternehmen ein wirtschaftliches Betreiben einer eigenen Infrastruktur und eigens für sie aufgelegter Programme. Haben Sie also ein solches Großunternehmen in unmittelbarer Nachbarschaft, dann können Sie dort anfragen, ob Sie sich evtl. an den einzelnen Programmen beteiligen können.

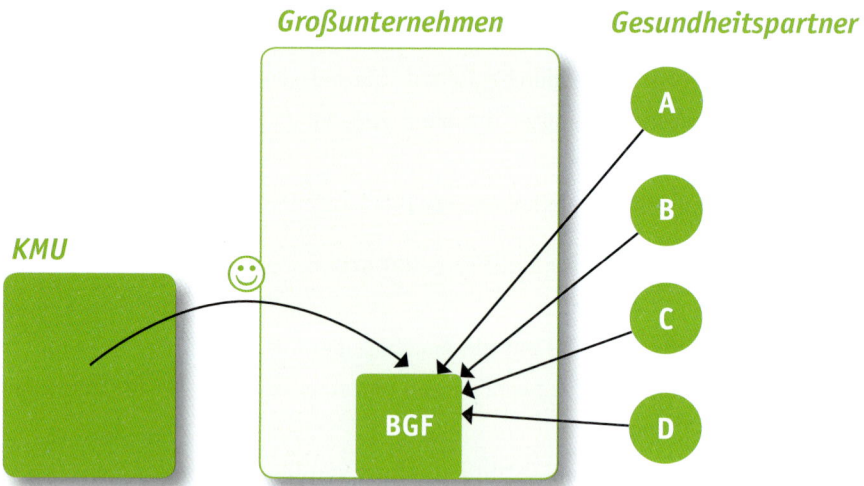

***Abb. 22: Kooperation mit einem Großunternehmen***
*Quelle: Eigene Darstellung*

Haben Sie keine Unternehmen mit Vorerfahrungen in Ihrem Umfeld, müssen Sie sich allein oder mit einem Partner auf den Weg nach der passenden Lösung machen.

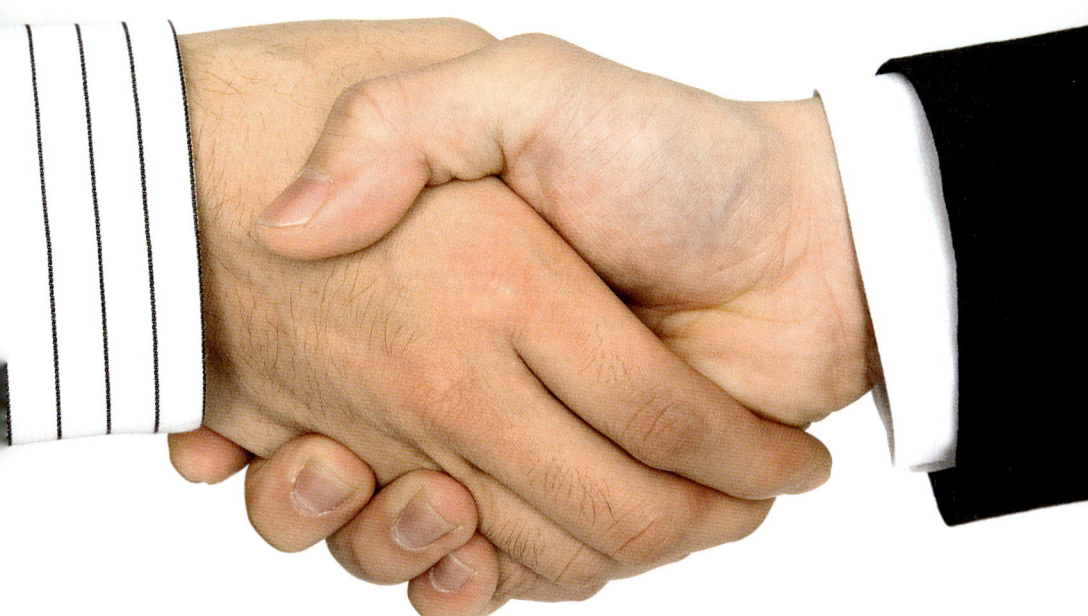

## Qualifizierte Gesundheitspartner finden

Zunächst benötigen Sie für Ihr Vorhaben passende Anbieter von Leistungen. Wenn Sie die Suche ernsthaft betreiben, dann benötigen Sie dafür eine Menge Zeit.

siehe Kapitel 8, S. 156

Recherchieren Sie im Internet z. B. nach einer Rückenschule in Berlin, dann erhalten Sie allein auf Google 59.400 Eintragungen. Bei der Suche nach Stressbewältigung in Berlin werden 76.400 Einträge angezeigt. Vor diesem Hintergrund erscheint der zu Ihrem Unternehmen passende Anbieter wie die berühmte Nadel im Heuhaufen. Möchten Sie außerdem mehr als ein Handlungsfeld für Betriebliche Gesundheitsförderung angehen und Ihren Mitarbeitern mehrere Angebote bereitstellen, beansprucht diese Suche, die Ausgestaltung der Verträge und nicht zuletzt die Organisation der Durchführung der verschiedenen Maßnahmen einen nicht zu unterschätzenden Aufwand. Sie benötigen für diesen Prozess nicht nur zeitliche Ressourcen, sondern auch fachliches Know-how, um die Kompetenz und das Angebot der Dienstleister bewerten zu können.

Unterstützung finden Sie hier durch die Gesetzlichen Krankenkassen. Diese können Ihnen auf Nachfrage geeignete Kurse und Kursanbieter nennen. Die Betriebskrankenkasse halten seit 2005 die Präventionsdatenbank „easy!-die Präventionskurs-Datenbank" bereit, die die Recherche nach einem geeigneten Kursanbieter erleichtert.

Im Jahr 2009 waren in dieser Datenbank für ganz Deutschland 35.000 Kurse von 29.000 Kursanbietern erfasst. 70 % aller Angebote bedienten allerdings das Handlungsfeld Bewegung. Das so präsentierte Angebot erhebt natürlich keinen Anspruch auf Vollständigkeit. Nicht alle Anbieter lassen sich in die Datenbank eintragen, zumal dieser Eintrag für sie kostenpflichtig ist. Alle Angebote in der Präventionsdatenbank sind seitens der Gesetzlichen Krankenkasse qualitätsge-prüft und erfüllen die gesetzlichen Voraussetzungen. Für Angebote in Ihrem Unternehmen können Sie dann auch Kontakt mit dem jeweiligen Anbieter auf-nehmen und eine individualisierte Leistung erfragen.

Um Ihnen als Unternehmen komplexe Dienstleistungen aus einer Hand zu bie-ten, haben sich in einigen Städten und Regionen verschiedene Dienstleister zu Anbieternetzen zusammengeschlossen und vermarkten sich über eine gemein-same Plattform. Sicher gibt es solche Angebote auch in Ihrer Region. Das Inter-net erleichtert die Suche danach ungemein:

*Beispiel für eine Datenbank zur Anbieterauswahl*
Unter dem Motto „Für Ihre Mitarbeiter das Beste" bietet die „BGMDB-Die Anbieterdatenbank" Unternehmen, welche die Gesundheit ihrer Mitarbeiter fördern und ebenso deren Leistungsfähigkeit erhö-hen wollen, einen Überblick über externe Dienstleistungsangebote zur betrieblichen Gesundheitsförderung „im Sinne ihrer Mitarbeiter" (vgl. BDM-Datenbank, 2009, 🖥 VII 01).

Die BGM-Datenbank ist eine private Dienstleister-Plattform. Die Ange-bote sind transparent und übersichtlich nach verschiedenen Regionen abrufbar dargestellt.
Gemäß den Angaben der Betreiber werden lediglich Angebote von Dienstleistern veröffentlicht, „die berufliche Expertise und entspre-chende Arbeitserfolge nachweisen können".

### Auswählen nach Qualitätsstandards

Der Markt der Gesundheitsdienstleister ist groß und unübersichtlich und nicht alles was angeboten wird, hält bei genauer Betrachtung, was es verspricht. Wie bei jeder Dienstleistung ist eine Qualitätsprüfung erst nach der Leistungserbringung möglich, nachdem Sie Ihr Geld ausgegeben haben. So ist die Unsicherheit groß, die falsche Wahl zu treffen. Häufig greifen Sie sicher auf Empfehlungen zurück, die Sie von einer Quelle bekommen, der Sie vertrauen. Anbieter, die eine Zulassung von der Krankenkasse vorweisen können, haben eine umfassende Prüfung ihrer Qualifikation und ihres Konzeptes erfahren, was unbestritten eine wichtige Basis für Qualität bildet. Diese Prüfung erfolgt vorrangig für Leistungen, die standardisiert sind, wie etwa die Rückenschule oder das Stressbewältigungsseminar.

Wie ist es aber, wenn Sie für Ihr Unternehmen ein individuell zugeschnittenes Programm benötigen? Wie können Sie erfahren, ob die qualifizierte und zugelassene Anbieterin auch zu Ihrem Unternehmen passt? Ob die Chemie stimmt? Dabei können Ihnen die Kriterien der Gesetzlichen Krankenkassen und die Krankenkassenzulassung als „Gütesiegel" leider nur bedingt helfen. Weiche Faktoren wie z. B. die soziale und methodische Kompetenz der Gesundheitsdienstleister finden in dieser Beurteilung kaum Berücksichtigung.

Vielleicht möchten Sie oder Ihre Mitarbeiter auch Dienstleistungen in Anspruch nehmen, für die es bisher keine Kassenzulassung (z. B. ein Einzelcoaching, einen Feldenkrais-Kurs) gibt. Hierzu zählen beispielsweise auch eigens für Ihr Unternehmen entwickelte Dienstleistungen oder Angebotskombinationen, die jedoch von den standardisierten Leistungen der gesetzlichen Krankenkasse abweichen.

7

Insofern ist die Krankenkassenzulassung ein wichtiges, aber kein ausschließendes Bewertungskriterium, um die Qualität von BGF-Dienstleistungen zu bewerten. Die Anbieter im InnoGema-Netzwerk haben darum in gemeinsamer Arbeit ein erweitertes Bewertungsschema entworfen, das sich an den Kriterienkatalog der gesetzlichen Krankenkassen anlehnt. Jeder Gesundheitsdienstleister wird dabei für jede von ihm angebotene Dienstleistung vor und unmittelbar nach der Leistungserbringung bewertet. Qualitätskriterien sind die Kassenzulassung aber auch die Aus- und Fortbildung, die stetige Weiterbildung und Praxiserfahrung sowie die Evaluation durch die Teilnehmer. Dieses Vorgehen gilt für alle Gesundheitsdienstleister, auch für die, deren Dienstleistungen von den gesetzlichen Krankenkassen nicht gefördert werden. Für den letzten Fall wurden die Qualitätskriterien aus den Aus- und Fortbildungsbestimmungen von anerkannten Verbänden und Ausbildungsträgern der jeweiligen Profession abgeleitet. Somit haben Sie jederzeit die Möglichkeit, die Qualität der einzelnen Dienstleistungen zu erkennen.

Unabhängig davon, an welchen Dienstleister Sie sich wenden oder auf welchen Anbieterpool Sie zurückgreifen: Erkundigen Sie sich nach den angewandten Qualitätskriterien. Nur dann können Sie der Auswahl der Angebote Vertrauen schenken.

146

# Das richtige Netzwerk finden

Einige Möglichkeiten für sinnvolle Kooperationen haben wir bereits angesprochen. Komfortabel werden die Lösungen für Sie allerdings dann, wenn Sie ein Netzwerk finden, über das Sie gleich mehrere der anstehenden Herausforderungen angehen können.

Sicher nutzen auch Sie schon persönliche Netzwerke für verschiedene Fragestellungen in Ihrem privaten oder unternehmerischen Alltag: Eltern wissen die Größe eines Netzwerkes zu schätzen, wenn es darum geht, die Betreuung ihrer Kinder und die Anforderungen im Arbeitsalltag unter einen Hut zu bekommen. Arbeitsuchende nutzen oft ihren Bekanntenkreis, um eine Stelle zu finden. Aber auch Unternehmer fragen bei ihren Zulieferern oder Kooperationspartnern nach ihnen bekannten Anbietern von Dienstleistungen an.

In unserer komplexen Welt kommen wir schwer ohne soziale Netzwerke aus – auch als Unternehmer. Sind Sie bzw. Ihr Unternehmen Mitglied in einem Unternehmerverband? Besuchen Sie regelmäßig Stammtische oder Veranstaltungen eines Branchenverbandes, um sich mit anderen Unternehmen auszutauschen? Dann prüfen Sie doch, inwieweit das Thema Gesundheit im Unternehmen dort schon eine Rolle spielt!

Kooperationen mit anderen Unternehmen könnten Ihren Aufwand für Betriebliche Gesundheitsförderung reduzieren und Sie gewinnen Partner, die gleiche Ziele verfolgen. Durch die Einbindung von Partnern, können Sie die benötigten Dienstleistungen schneller, kostengünstiger oder in besserer Qualität erhalten, als wenn Sie diese selbst erbringen.

Gelingt es Ihnen, ein Netzwerk zu finden, das sich bereits mit dieser Thematik auseinandersetzt, können Sie außerdem schon auf eine Reihe von Daten, Informationen und in der Praxis erprobte Instrumente zurückgreifen. Ihr Suchaufwand verringert sich erheblich und Sie können Anfangsfehler vermeiden.

Dabei sind unterschiedliche Netzwerkkonstellationen denkbar:

1. Sie können sich an ein Anbieternetzwerk wenden, das sich auf das Gebiet Betriebliche Gesundheitsförderung spezialisiert hat und treten dort als Kunde auf. Das hat den entscheidenden Vorteil, dass Sie gegenüber einer Zusammenarbeit

mit einem einzelnen Anbieter (etwa einem Fitnessstudio), der sich als Generalist sieht, von vielen, aber vernetzten Spezialisten die gewünschte Leistung in höherer Qualität erhalten können. Sie können über einen Ansprechpartner des Netzwerks die gewünschten Informationen und konkrete Angebote für Ihren Bedarf erhalten. Die Anbieter wiederum treffen untereinander Absprachen, präsentieren sich und ihre Angebote (etwa über einen Internetauftritt) und haben eine einheitliche Form der Ansprache gefunden.

2. Sie können sich auch einem bestehenden bzw. einem sich entwickelnden Netzwerk von kleinen und mittleren Unternehmen anschließen und bilden eine Art Einkaufsgemeinschaft für Leistungen zur Betrieblichen Gesundheitsförderung. Eine solche Lösung hat den Vorteil, dass Sie mit anderen Unternehmen Ihre bisherigen Erfahrungen auf diesem Gebiet austauschen und daraus Anforderungen an die zu beschaffende Dienstleistung ableiten können. Ein solches Netzwerk befördert interorganisationales Lernen, was nicht auf das Themengebiet Betriebliche Gesundheitsförderung beschränkt bleiben muss. Über eine höhere Anzahl an Mitarbeitern können Sie eine größere Vielfalt an Angeboten vorhalten, das

heißt die Möglichkeit, dass jeder Mitarbeiter den von ihm gewünschten Kurs bekommt, steigt. Für Letzteres ist aber eher ein lokales Netzwerk erforderlich, da nur durch örtliche Nähe auch gemeinsame Angebote realisiert werden können.

3. Die Vorteile beider genannten Netzwerke können durch eine dritte Form vereinigt werden: Schließen Sie sich einem Netzwerk an, in dem sowohl Anbieter als auch Unternehmen gemeinsam nach passenden Lösungen für jedes beteiligte Unternehmen suchen und eine langfristige Unternehmensbetreuung im Sinne der Gesundheitserhaltung der Mitarbeiter im Fokus steht.

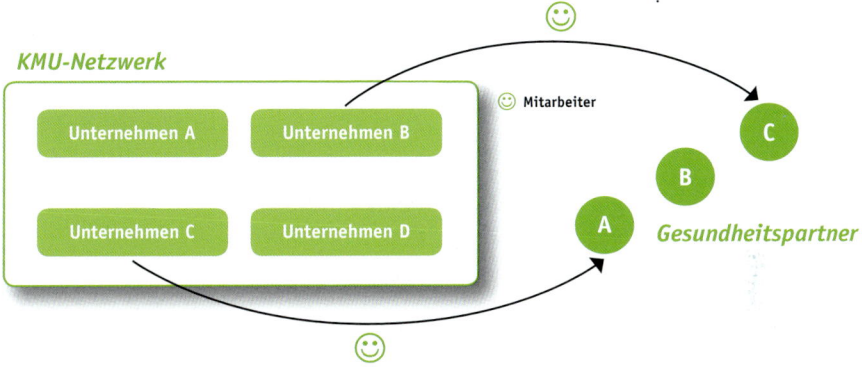

**Abb. 23 Unternehmen und Gesundheitspartner integrierendes Netzwerk**
*Quelle: Eigene Darstellung*

An dieser Stelle werden Sie sich fragen: Woher weiß ich, welches Netzwerk zu mir passt? Dazu sollten Sie sich überlegen, ob Sie eher Informationen und Erfahrungen austauschen wollen, oder ob Sie tatsächlich an gemeinsamen Zielen arbeiten wollen. Für Ersteres gibt es zahlreiche Netzwerke, die informative und interessante Veranstaltungen durchführen bzw. Materialien oder/und Internetplattformen bereithalten. Da wären die Initiative Gesundheit und Arbeit (IGA), das Deutsche Netzwerk für Betriebliche Gesundheitsförderung (DNBGF) und die Initiative für gesunde Arbeit (INQA) zu nennen. Hier können Sie oft kostenlos oder aber für einen geringen Betrag umfangreiche Informationen erhalten. Auf dieser Ebene sind die Informationen aber sehr allgemein gehalten. Für Anregungen und Ideen sind diese Netzwerke durchaus interessant. Sollten Sie an der zweiten Variante, der „handfesten" Arbeit an gemeinsamen Zielen, interessiert sein, so sollten Sie sich zunächst selbst überprüfen: Sind Sie bereit für die Arbeit in einem Netzwerk?

Beantworten Sie einmal die folgenden Fragen:

| Sind sie bereit für die Arbeit in einem Netzwerk? | Ja | Nein |
|---|---|---|
| Ich bin bereit Zeit zu investieren? | ☐ | ☐ |
| Ich bin bereit Geld zu investieren? | ☐ | ☐ |
| Ich bin bereit, Infrastruktur zur Verfügung zu stellen? | ☐ | ☐ |
| Ich weiß, dass Netzwerkinvestitionen sicher eher mittelfristig einstellen und bin bereit, das zu akzeptieren? | ☐ | ☐ |
| Ich bin bereit, mit gleichberechtigten Partnern an einem Ziel zu arbeiten? | ☐ | ☐ |
| Ich bin bereit, Kompromisse zu schließen, um gemeinsame Netzwerkziele zu erreichen? | ☐ | ☐ |
| Ich bin bereit, mich auf einen überbetrieblichen Kommunikationsprozess einzulassen? | ☐ | ☐ |
| Ich bin neugierig auf neues Wissen und bereit, Neues auszuprobieren? | ☐ | ☐ |

**Abb. 24: Vorbereitung auf die Arbeit in einem Netzwerk**
*Quelle: Eigene Darstellung*

Wenn Sie die meisten der Fragen mit Ja beantwortet haben, dann sollten Sie nicht länger zögern und das passende Netzwerk suchen.

Erfolgreiche Netzwerke zeichnen sich durch ein professionelles Netzwerkmanagement aus, das nicht nur die Funktion eines Kümmerers übernimmt, sondern auch in schwierigen Situationen als Mediator auftreten kann. Ein solches Netzwerk initiiert nicht nur Projekte und führt Partner zusammen, sondern organisiert den Erfahrungsaustausch, bietet Coaching durch Dritte an und trägt zur regionalen Profilbildung und Standortentwicklung bei. Idealerweise bildet es eine Marke aus und Sie können gut prüfen, ob diese zu Ihrem Unternehmen passt. In diesem Fall können Sie mit einer Partnerschaft in diesem Netzwerk auch das Unternehmensimage aufwerten.

Wichtigstes Prüfkriterium eines Netzwerkes sollte für Sie aber die Kommunikation sein. Hier ist neben der technischen Infrastruktur, wie zum Beispiel einem Internetportal, vor allem die Ausgestaltung des kooperativen Zusammenwirkens über Organisationsgrenzen hinweg von Bedeutung. Nicht zuletzt soll Ihnen die Arbeit in und mit dem Netzwerk Spaß machen.

Im folgenden Kapitel stellen wir Ihnen beispielhaft das InnoGema-Netzwerk vor.

# Kapitel 8
# Ein Praxisbeispiel: Das InnoGema-Netzwerk

## Gesundheitsförderung ist im Netzwerk effektiv gestaltbar

Das Forschungsprojekt InnoGema an der Hochschule für Technik und Wirtschaft, gefördert vom Bundesforschungsministerium zwischen 2007 und 2011, hat mit kleinen und mittleren Unternehmen (KMU) und Anbietern von Gesundheitsdienstleistungen ein Netzwerk aufgebaut. Ziel des Vorhabens war es, Gesundheitsförderung auf den speziellen Bedarf dieser Unternehmensgruppe anzupassen, effektiv zu organisieren und modellhaft zu erproben.

InnoGema hat ein Modell eines regionalen Service-Centers für Betriebliche Gesundheitsförderung entwickelt und eine Internetplattform aufgebaut, die es Ihnen ermöglichen, Gesundheitsförderung für Ihr Unternehmen einfach und effektiv zu planen und zu steuern.

## Wie funktioniert das Netzwerk InnoGema?

### Alle Leistungen kommen aus einer Hand

Das Service-Center Betriebliche Gesundheitsförderung bündelt als zentrale Netzwerkeinheit für Sie alle wichtigen Dienstleistungen und bietet Ihnen Beratung rund um das Thema Gesundheit im Unternehmen aus einer Hand an. Sie vermeiden aufwändige Recherchen und haben einen persönlichen Ansprechpartner als Gegenüber.

### Innovative Angebotsentwicklung veranlassen

InnoGema bietet Ihnen die Möglichkeit, individuelle Angebote für Ihr Unternehmen zu entwickeln. Dabei können Sie die Leistungen mehrerer Gesundheitsdienstleister kombinieren und als Paket erwerben. Sie können diese auffordern, spezifische Angebote für Ihr Unternehmen zusammenzustellen und auf Ihre Bedürfnisse hinsichtlich Zeit und Ort oder die Integration bestimmter Inhalte einzugehen.

| Ergebnisse der modellhaften Vernetzung zwischen Unternehmen und Gesundheitsdienstleistern | | |
|---|---|---|
| Phase | InnoGema-Partner | Ergebnisse |
| **I**<br>Ansprache und Sensibilisie-rung | Unternehmen | über 250 Unternehmen kontaktiert, acht Partnerunter-nehmen gewonnen / Veranstaltungen: Aktionstage, Kongressmesse, Themenabende |
| | Gesundheits-dienstleister | Aufstellen eines Pools mit 32 Anbietern |
| | Verbände, Sozialpartner | Auflistung von Präventionsleistungen von 52 Kranken-kassen / Aufnahme in die Berliner Initiative für Gesunde Arbeit / Kooperation mit der IHK Berlin |
| | Projektbüro | Entwickeln einer Corporate Identity / Verfassen einer ersten Publikation zur Konzeption des Projekts |
| **II**<br>Analyse und Beratung | Unternehmen | Analyse und Workshops in den Partnerunternehmen / Angebote von sechs Dienstleistern in neun Unterneh-men umgesetzt |
| | Gesundheits-dienstleister | Workshops zur Qualifizierung der Anbieter / Aufbereitung der Angebote |
| | Verbände, Sozialpartner | Modellprojekt mit der Gmünder Ersatzkasse / Innovationspreis für Früherkennung und Prävention der KKH-Allianz |
| | Projektbüro | 11 Partnertreffen zur Weiterentwicklung des Netzwer-kes / Erste Ausbaustufe des Portals www.innogema.de, Jahrestagung / Zweite Publikation mit ersten Projekt-ergebnissen. |
| **III**<br>Bildung von Netzwerk-partner-schaften | Unternehmen | Workshops zur Weiterentwicklung des Netzwerkes / Durchführung von Präventionsmaßnahmen |
| | Gesundheits-dienstleister | Verschiedene Arbeitsgruppen (Qualität im Netz, Netzwerkregeln ...) |
| | Verbände, Sozialpartner | Kooperationsvereinbarung mit der KKH-Allianz |
| | Projektbüro | Netzwerkvereinbarungen und Leitbildentwicklung / Entwicklung, Abbildung und Optimierung der Netzwerk-prozesse |
| **IV**<br>Erprobung und Nachhaltigkeit | Servicecenter Betriebliche Gesundheits-förderung | Arbeit an einem Geschäftsmodell für ein Servicecenter, Entwicklung der dazu notwendigen Struktur / Optimie-rung des InnoGema-Internetportals / Praxishandbuch für Betriebliche Gesundheitsförderung |

**Abb. 25: Ergebnisse der modellhaften Vernetzung zwischen Unternehmen und Gesundheitsdienstleistern**

*Quelle: Eigene Darstellung*

### Aktivitäten mit anderen Unternehmen organisieren

Wollen mehrere Mitarbeiter aus einem anderen Netzwerkunternehmen ebenso wie Mitarbeiter bei Ihnen etwas für ihre Entspannung tun, können sie gemeinsam einen Kurs besuchen. Die erhöhte Teilnehmerzahl sorgt dafür, dass das entsprechende Angebot überhaupt zustande kommen kann bzw. ökonomischer durchführbar ist.

Sie können sich auch gegenseitig motivieren: Wenn sich in einem Unternehmen einzelne Mitarbeiter z.B. für die Teilnahme an einem Lauf anmelden, können sie Beschäftigte benachbarter Unternehmen motivieren, sich auch zu beteiligen. Vielleicht laufen schließlich zwei Firmenteams. Vorbereiten können sie sich gemeinsam und buchen dafür einen Lauftrainer über das Netzwerk, der abends mit ihnen trainiert.

### Geschäftspartner von Krankenkassen werden

Die Tatsache, dass Ihre Mitarbeiter zumeist unterschiedlich krankenversichert sind, macht es Krankenkassen unmöglich, in ihrem Unternehmen Präventionsmaßnahmen zu fördern. Nur durch den Zusammenschluss im Netzwerk werden Kleinunternehmen zu einer relevanten Nachfragegruppe für die Sozialversicherungsträger. Kommt eine ausreichende Anzahl von Versicherten für Gesundheitskurse zusammen, entsteht eine günstigere Ausgangsposition, denn bei einer ausreichenden Versichertenzahl können die Krankenkassen die Durchführung von Präventionskursen rechtfertigen.

### Erfahrungen aus anderen Unternehmen aufgreifen

Im InnoGema-Netzwerk profitieren Sie von Unternehmen, die bereits Netzwerkpartner sind und schon Gesundheitsförderung betreiben. Deren Erfahrung in der Umsetzung der Gesundheitsförderung im Betrieb kann für Sie hilfreich sein. Zudem können Sie sich untereinander über die Qualität der Angebote von Beratern oder Gesundheitsdienstleistern austauschen.

### Netzwerk und Service-Center bieten eine nachhaltige Kommunikationsstruktur

Auch wenn Sie einmal aus konjunkturellen Gründen eine Weile nicht aktiv sein können, weil Ihnen z.B. ein Großauftrag kaum Zeit lässt: Das Netzwerk bietet Ihnen die Möglichkeit Ihre gesundheitsorientierten Aktivitäten wieder aufzugreifen, spontan wieder in Kurse einzusteigen und an Beziehungen wieder anzuknüpfen, wenn wieder mehr Zeit zur Verfügung steht.

8

### Vereinfachte Abwicklung über ein Internetportal

Das Internetportal www.innogema.de unterstützt Sie beim Planen und Umsetzen von Gesundheitsangeboten in Ihrem Unternehmen. Es dient als Kommunikationsplattform und bietet Ihnen folgende Vorteile:

- leicht zugängliche Information,
- schnelle und direkte Kommunikation,
- guter Überblick über Angebote und Transparenz ihrer Qualität,
- Online-Abwicklung von Vorgängen (Tests, Befragungen, Angebotsabforderung, Buchung von Leistungen, Feedback).

Mit dem Internetportal wird also die Abwicklung von Gesundheitsprogrammen in Ihrem Unternehmen erleichtert. Der zusätzliche Aufwand in Ihrem Tagesgeschäft wird somit weitgehend begrenzt. Die Vorteile der Portalnutzung sind im Einzelnen:

### Gesundheitsdienstleister kennen lernen und prüfen

Auf der Internetplattform finden Sie Anbieter von Gesundheitsdienstleistungen aus den Themenfeldern Bewegung und Fitness, Bewegung und Entspannung, Stressbewältigung und Entspannung, Ernährung, Führung und Organisation sowie Suchtprävention. Die jeweiligen Angebote sind von InnoGema qualitätsgeprüft. Sie gewinnen einen Überblick über verschiedene Gesundheitsdienstleistungen und erhalten Informationen zu Qualifikation und Erfahrung der Anbieter. Ihre Suche nach passenden Leistungen wird erleichtert. Über ein Forum können sie unkompliziert mit einzelnen Anbietern in Kontakt treten.

### Informationen und Hilfen für Sie als Unternehmer

Sie erkennen schnell, welche Unternehmen bereits Netzwerkpartner sind. Nützliche Arbeitshilfen rund um das Thema Arbeit und Gesundheit in Form von Checklisten und Leitfäden sind leicht zugänglich.

### Tests und Befragungen sind online möglich

Das Internetportal erleichtert es Ihnen als Unternehmer, Ihre Mitarbeiter in die konkreten Angebote zur Gesundheitsförderung einzubeziehen: Wo liegen Stärken und an welchen Stellen könnte es besser laufen? Welche Gesundheitsangebote wünschen sich ihre Angestellten? Mit einer anonymen, onlinebasierten Befragung erfahren Sie mehr über die aktuelle Situation in Ihrem Unternehmen. Anhand der Ergebnisse können Sie die Gesundheitsangebote für Ihr Unternehmen genau auf den Bedarf ausrichten.

> **Eine beispielhafte Nutzung des Internetportals**
>
> Haben Befragungen und Auswertungsworkshops in Ihrem Unternehmen ergeben, dass eine Gruppe Ihrer Mitarbeiter eine Ernährungsberatung erhalten soll und eine andere Gruppe einen Rückenschulkurs, dann schauen Sie sich auf dem InnoGema-Portal nach Anbietern und vorliegenden Angeboten für diese Methoden um. Liegen keine Angebote vor, ordern Sie über das Kontaktformular auf der Internetplattform entsprechende Angebote bei Gesundheitsdienstleistern ein. Haben Sie sich für jeweils eines der Angebote entschieden, buchen Sie die Leistung. Die Termine können Ihre Mitarbeiter dann nach Einloggen selbstständig auswählen und umso besser in ihren Arbeitsalltag integrieren. Ihre Mitarbeiter übernehmen einen Teil der Kursgebühr, den restlichen Kostenanteil tragen Sie als Unternehmer, nachdem Ihre Mitarbeiter regelmäßig teilgenommen haben. Ihre Mitarbeiter geben über das Portal eine Rückmeldung zur Qualität der Leistung, die von Ihnen und anderen Interessenten eingesehen werden kann.

8

### Informationen für Ihre Belegschaft

Auf dem Internetportal finden Ihre Mitarbeiter allgemeine Informationen zur Gesundheitsförderung. Welche Kurse aktuell „im Angebot" sind, können sie jederzeit einsehen und Antworten auf ihre Fragen von Fachleuten erhalten. Das Portal unterstützt Ihre Argumentation für Gesundheitsförderung – Sie brauchen nicht jede Frage Ihrer Angestellten selbst zu beantworten.

### Vereinfachte Auswahl- und Buchungsvorgänge

Über das Internetportal können Sie und auch Ihre Mitarbeiter Leistungen und Kurse buchen – entweder aus den regulären Gesundheitsangeboten oder auch individuell für Ihr Unternehmen bereitgestellte Kurse. Wenn Sie es wünschen, begleitet InnoGema Ihre Gesundheitsmaßnahmen und evaluiert den Erfolg.

### Aktuelle Informationen über eine Wissensdatenbank

Dort finden Sie eine Vielzahl von Begriffen zum Thema Gesundheit im Unternehmen. Ein kostenloser Newsletter versorgt Sie regelmäßig mit Informationen zum Thema Gesundheit und zu aktuellen Angeboten.

# Vom Berliner InnoGema-Modell zur Umsetzung in anderen Regionen

Die Aufgabe des Forschungsprojekts InnoGema war die Erprobung einer Netzwerkkonstellation mit kleinen Unternehmen auf der einen und Gesundheitsdienstleistern auf der anderen Seite. Verbände und Sozialversicherungsträger sollten zusätzlich als Kooperationspartner eingebunden werden. Dass ein solches Netzwerk funktioniert und den Unternehmen erhebliche Vorteile bringen kann, konnte nachgewiesen werden.

Hier noch einmal die wesentlichen Vorteile aus Sicht der Unternehmen:

- Unternehmen erhalten aus einer Hand eine Orientierung und Erstberatung zu den Möglichkeiten, Betriebliche Gesundheitsförderung umzusetzen.
- Ein neutrales Netzwerkmanagement erleichtert Ihnen den Einstieg in das Thema. Auf Wunsch führt es eine Analyse zu Ihrem Bedarf an Gesundheitsförderung durch. Sie müssen sich nicht sofort an einen Dienstleister binden. Analyse und Gesundheitsdienstleistung sind entkoppelt.

- Geeignete Berater und Gesundheitsdienstleister zu finden, wird durch den bestehenden Anbieterpool im Netzwerk und dessen Präsentation auf der Internetplattform wesentlich vereinfacht.
- Die Qualität der angebotenen Leistungen wird für Sie transparent dargestellt.

Nach diesen Erfahrungen steht die regionale Verbreitung des Netzwerks auf der Agenda. Dafür wurden bereits entscheidende Schritte gegangen:

- Das bisher regional eng begrenzte Netzwerk wird erweitert: Weitere Gesundheitsdienstleister und neue kleine und auch mittlere Unternehmen werden aufgenommen.
- Das Internetportal kann in weiteren Regionen Deutschlands genutzt werden. Dazu gibt es verschiedene, regionale Auswahlkriterien.
- Für die Übernahme des Netzwerkmanagements und den Weiterbetrieb des Internetportals wird eine neue Trägerkonstellation entwickelt.
- Ein Verein, der sich die Förderung betrieblicher Gesundheit zum Ziel gesetzt hat, wurde von Kooperationspartnern aus dem Projekt gegründet. Er möchte dafür sorgen, dass das Netzwerk ausgebaut und weiterhin Gesundheitsdienstleistungen in die Unternehmen vermitteln werden können.

Es ist also zu erwarten, dass auch in Ihrer Region ein Netzwerk mit entsprechenden Dienstleistungen zur Verfügung stehen wird.

8

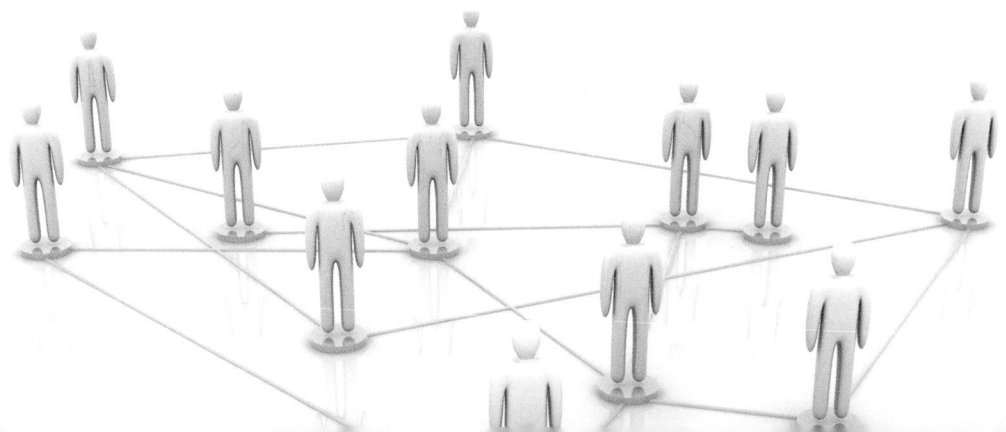

# Kapitel 9
# Methoden der Gesundheitsförderung

## Methoden kurz vorgestellt

Wir stellen Ihnen im Folgenden einige Methoden zu den folgenden 6 Präventionsfeldern vor ...

1. Stressbewältigung und Entspannung
2. Bewegung und Entspannung
3. Bewegung und Fitness
4. Ernährung
5. Suchtprävention

Aussagen zum Feld 6. Führung und Organisation finden Sie in Kapitel 6 zu „Förderliche Rahmenbedingungen für gesundes Arbeiten".

### Stressbewältigung und Entspannung

Stress wird in den letzten Jahren in unserer Gesellschaft zunehmend zum Problem. Das wird durch die Zunahme von stressbedingten Erkrankungen wie z. B. durch einen Anstieg von Kopf- und Rückenschmerzen aber auch Schlafstörungen deutlich (vgl. Spitzenverbände der Krankenkassen, 2001, S. 20). Ursachen dafür liegen in den gestiegenen Anforderungen, denen immer mehr Mitarbeiter nicht mehr gewachsen sind. Für viele führt das zu Überforderung und hat psychische oder physische Erkrankungen zur Folge. Helfen Sie Ihren Mitarbeitern dabei, stressverursachende Faktoren kontrollieren zu lernen. Hilfreich für den beruflichen Alltag wären hier die Integration von Entspannungstechniken und Stressbewältigungstrainings. Vor allem Entspannungsmethoden sind leicht zu erlernen und eignen sich besonders gut dazu, Stresssymptome zumindest kurzfristig zu vermindern.

siehe Kapitel 6, „Förderliche Rahmenbedingungen für gesundes Arbeiten", S. 117

### Autogenes Training

Das autogene Training ist eine Methode, die die suggestiven Fähigkeiten des Menschen dazu nutzt, über Selbstbeeinflussung einen tiefen Zustand der Entspannung zu erreichen. Bei dieser erfolgt keine physische Veränderung, wie z. B. eine Entspannung der Muskeln, sondern man gibt sich in der Imagination ausschließlich dem Gefühl hin, entspannt zu sein. Die Entspannungsmethode erfordert eine erhöhte Konzentrationsfähigkeit, die sich mit zunehmender Übung verbessert. Im autogenen Training konzentriert man sich auf sechs Grundübungen. Dazu gehören:

1. Die Einstellung auf Schwere (Entspannung der Muskulatur)
2. Die Einstellung auf Wärme (Gefäßerweiterung)
3. Konzentration auf die Atmung (Abnahme der Atemfrequenz)
4. Konzentration auf den Puls, z. B. in den Fingerspitzen (Senkung des Pulsschlages)
5. Konzentration auf das Sonnengeflecht – Bauchwärme (Anregung der Verdauung)
6. Konzentration auf Stirnkühle (Steigerung der Phantasie und Kreativität)

Die ersten Übungen dienen dazu, einen Umschaltprozess im vegetativen Nervensystem zu erreichen. Die abschließenden Organübungen dienen dazu den Entspannungsvorgang zu vertiefen. Das Ziel des autogenen Trainings ist es, ruhig und gelassen zu werden, was auch über das Training hinaus, im Alltag wirksam ist. Diese Trainingsform kann bei regelmäßiger Anwendung physische und psychische Beschwerden minimieren und beseitigen. Dazu zählen z. B. innere Unruhe, Nervosität, Schlafstörungen und Bluthochdruck (vgl. Borgdorf-Albers, 2000).

9

Methoden, wie ein Stressbewältigungstraining, das unter der Anleitung von externen Experten in Ihrem Unternehmen angeboten wird, sind eher darauf ausgerichtet, Mitarbeitern oder auch Ihnen selbst als Führungskraft einen Weg aufzuzeigen, mit stressverursachenden Faktoren langfristig besser umzugehen. In diesem Falle sollte auf Gruppenprogramme zurückgegriffen werden, die zugleich wirksam und ökonomisch sind (vgl. Siegrist; Knesebeck, 2004). Die Trainingsgruppen müssen dazu nicht homogen, also ausschließlich mit Führungskräften besetzt sein. Vorteil ist, dass heterogene Gruppen sehr effektiv sein können.

Im weiteren Verlauf werden ihnen Maßnahmen zur Entspannung und zur Stressbewältigung präsentiert, die leicht in den Arbeitsalltag integrierbar sind.

### *Bewegung und Entspannung*

*Stressbewältigungstraining*

Zu den wesentlichen Elementen eines Trainings zur Stärkung der Bewältigungskompetenz bei hoher Stressbelastung gehören:

1. Das Aufklären der Mitarbeiter über die Zusammenhänge zwischen chronischer Stressbelastung und Gesundheit,
2 das Sensibilisieren der Mitarbeiter für belastende Situationen und ihre Reaktionen darauf,
3. das Einüben von Entspannungstechniken, wie z. B. einer Phantasiereise,
4. das Einüben von Techniken zum Zeit- und Störungsmanagement bei der Arbeit,
5. das Bewerten der Leistungsmotivation und der Einstellungen zur Arbeit,
6. das Stärken der Kompetenzen im Bereich der Selbstbehauptung und des Umgangs mit Ärger,
7. aber auch das Verbessern des Führungsverhaltens und des prosozialen Verhaltens.

(vgl. Bamberg et al., 1998/Kaluza, 2004)

### MBSR-Mindfulness-Based Stress Reduction

Im Jahre 1979 entwickelte Jon Kabat-Zinn ein achtwöchiges Trainingsprogramm zur Stressbewältigung, das durch die Praxis der Achtsamkeit (MBSR – Mindfulness-Based Stress Reduction) erreicht wird. Es umfasst acht Gruppensitzungen und ein ganztägiges Schweige-Seminar. Im Rahmen dieses Programmes werden verschiedene Meditationspraktiken, wie Sitz- und Gehmediation, Yoga und Körpermeditation erlernt. Ein wesentlicher Schritt neben der formalen Praxis ist es, die Achtsamkeit in das tägliche Leben zu integrieren. So können Mitarbeiter, die eine Antwort auf die Frage suchen, wie sie mit Stress besser umgehen können, ohne krank zu werden, lernen, ihre Selbstheilungskräfte sowie ihre inneren Ressourcen der Gesundung zu aktivieren und das Eingeübte – über die acht Wochen Trainingsprogramm hinaus – in ihr Leben zu integrieren (vgl. Standhardt, 2006, 💻 IX 11).

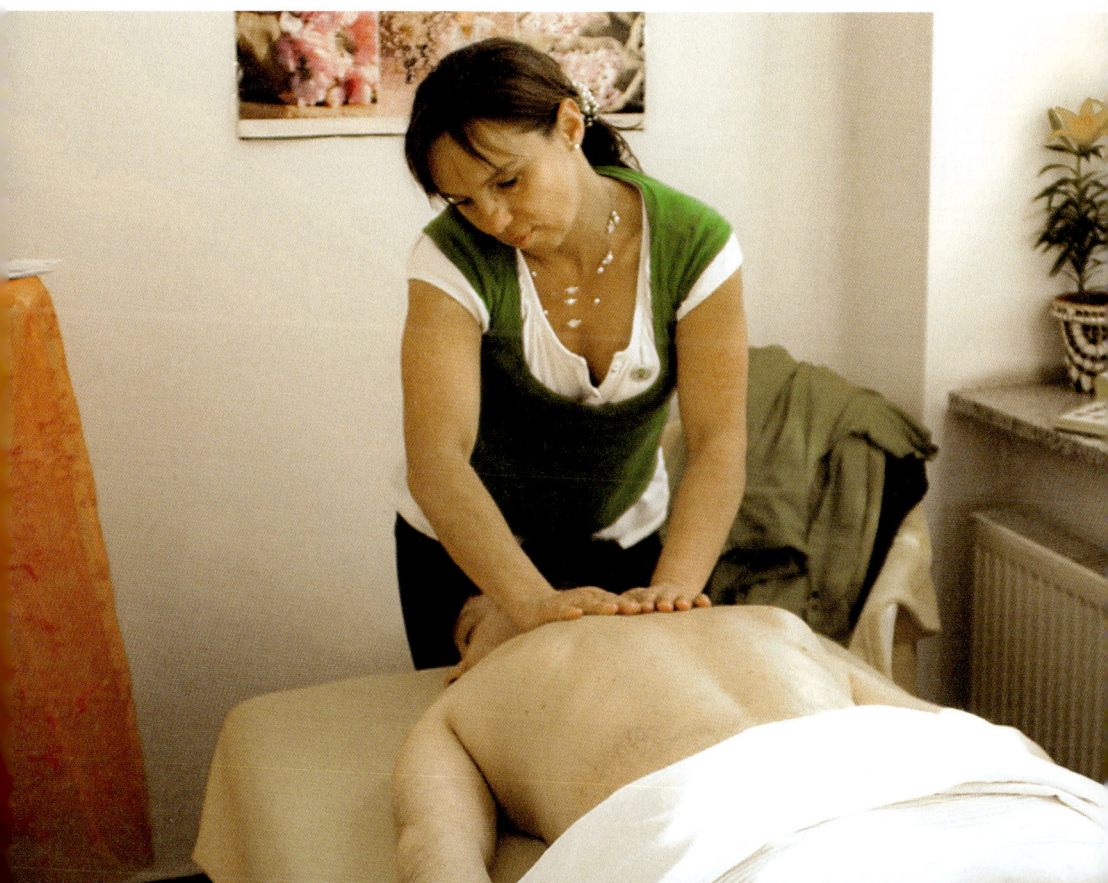

### Massage

Um zu entspannen, haben Mitarbeiter auch die Möglichkeit, in einer Pause eine Massage zu genießen und sich den Händen eines Masseurs anzuvertrauen. Der Begriff Massage kommt aus dem arabischen = „massa" und bedeutet „berühren". Massagen wirken nicht nur heilsam für den Körper, sondern im gleichen Maße für die Seele, den Verstand und den Geist (vgl. Gienger, 2004, 🖥 IX 06).

Anwendung finden sollten Massagen vorrangig bei Kopfschmerzen bzw. migräneartigen Beschwerden oder Schulter- und Nackenschmerzen, die durch Verspannungen ausgelöst werden. Bei 80 % der Bildschirmarbeiter ist ein solcher Trend zu erkennen. Nachgewiesen ist, dass im Zuge der Anwendung regelmäßiger Massagen ein Rückgang der Krankmeldungen um bis zu 18 % erreicht werden kann. Auch wenn in vielen Unternehmen Arbeitsabläufe zeitlich fest geregelt sind, kann eine leistungssteigernde Massage z. B. in der Mittagspause in Anspruch genommen werden. Es gibt inzwischen viele mobile Masseure, die dazu mit ihrer Massagebank direkt in die Unternehmen kommen.

Die folgenden Maßnahmen sind geeignet, Bewegung und Entspannung in den Alltag zu bringen:

*Tai-Chi-Chuan*

ist in den westlichen Kulturen als eine Form der Gymnastik oder eine Therapieform bekannt. Jedoch ist sie eine chinesische Kampfkunst (Selbstverteidigung), deren Bewegungsideen aus der Arbeitswelt, aus der Tierwelt und aus Kampfkunsthandlungen abgeleitet sind und ohne Unterbrechungen in einem ruhigeren Bewegungsmodus geübt werden. Ausgeführt werden kann das Tai-Chi-Chuan als Solo-Form mit und ohne Übungsgeräte wie z.B. einem Schwert, einem Fächer, einem Säbel oder auch in einer Paarkonstellation. Bei regelmäßigem Training dieser Kampfkunst wird die physische und psychische Balance des Teilnehmenden gestärkt, dessen Herz-Kreislauf-System reguliert und der Anwendende wird gelenkiger und beweglicher. Die Gesundheitswirkung lässt sich nach internationalem Forschungsstand jedoch vor allem ausschließlich für die Solo-Formen, die ohne Übungsgeräte ausgeführt werden, belegen.
Tai-Chi-Chuan-Kurse werden in vielen Fällen, vorrangig durch deren gesundheitsförderliche Wirkung von den gesetzlichen Krankenkassen finanziert. (vgl. Moegling, 2006; Schlobinski et al., o.J., ⌨ IX 10).

9

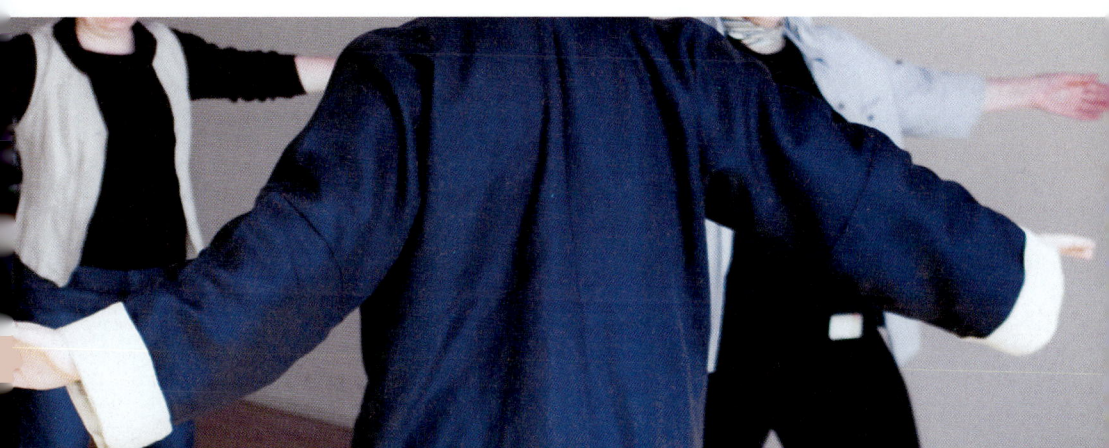

### Yoga

hat eine lange Tradition. Seine Wurzeln liegen in Indien vor ca. 7.000 Jahren. Es handelt sich dabei um eine der sechs klassischen Schulen (Darshanas) der indischen Philosophie. Das Wort Yoga bedeutet „Vereinigung" – die Vereinigung von Körper und Seele mit dem großen Ganzen. Im klassischen Sinne wird unter Yoga ein spiritueller Weg verstanden, um sich einem geistigen, spirituellen oder religiösen Ziel zu nähern. Im Laufe der Jahrhunderte haben sich sehr verschiedene Yoga-Arten und -Formen entwickelt, oft mit einer eigenen Philosophie, Praxis und differenzierten Schwerpunkten. Generell geht es dabei um eine Technik, die Körperhaltungen (Asanas) und Atemübungen (Pranayamas) verbindet. Die Anwendungsgebiete von Yoga sind sehr breit gefächert und unterschiedlich. Bei vielen Yoga-Therapien steht nach wie vor das klassische Ziel, einen spirituellen Weg zur körperlichen und seelischen Balance zu finden, im Vordergrund. Darüber hinaus wird Yoga zur Linderung verschiedener Erkrankungen und Beschwerden, wie z. B. bei Konzentrations- und Schlafstörungen, Asthma und Rückenschmerzen praktiziert.

Bei den verschiedenen Methoden, die durch Bewegung auf Entspannung zielen, geht es darum, durch stetiges Üben die Techniken selbständig anwenden zu können. Die Steigerung körperlicher Leistungsfähigkeit ist nicht das vordergründige Ziel, sie stellt sich mit der Zeit von selbst ein. Wichtig ist bei allen Methoden, auf die Atmung zu achten, sie zu vertiefen, dadurch leichter abschalten und sich besser konzentrieren zu können.

Studien belegen, dass Yoga auch präventiv im Bereich der Stressbewältigung zu nachweisbaren Erfolgen führt. Die Yoga-Übungen werden vor allem praktiziert, um zu entspannen, Stress abzubauen sowie die Beweglichkeit und die Koordination des Körpers zu verbessern. Das heißt, es wird ein ganzheitlicher Ansatz verfolgt, der Körper, Geist und Seele in Einklang bringt. Angestrebt wird eine verbesserte Vitalität und gleichzeitig eine Haltung der inneren Gelassenheit.

Die Durchführung von Yoga-Übungen kann allein oder in Gruppen erfolgen. Es wird empfohlen, die Übungen grundsätzlich nach Anleitung eines qualifizierten Yogalehrers zu praktizieren, um die gewünschten Wirkungen zu erzielen. Die einzelnen Übungen werden aufeinander abgestimmt und sprechen unterschiedliche Körperbereiche an. Da jeder Körper anders auf Yoga-Übungen und deren Kombination reagiert, stellt der Yoga-Lehrer für jeden seiner Kursteilnehmer einen individuellen Übungsplan auf. Es gibt viele Übungen, die nach einer entsprechenden Einführung durch einen Yogalehrer auch allein im Büroalltag praktiziert werden können. So entspannen sanfte Dehnungen und die traditionellen Yogastellungen die Muskeln, lösen die Gelenke und bewahren die körperliche Gesundheit. Das regelmäßige Üben führt zur Selbstakzeptanz, die wiederum zu persönlichem Wachstum führt und die täglichen Probleme besser bewältigen lässt.

**Qi Gong**

bedeutet ins Deutsche übersetzt, „wirkungsvolle Fähigkeiten ein-
zuüben, durch die die eigene Lebenskraft genährt und gepflegt wird"
(vgl. Bölts, 2008, S. 64). Zum Qi Gong gehören unterschiedliche Formen
der Meditations-, Bewegungs- und Atemtechnik aus der Traditionellen
Chinesischen Medizin (kurz: TCM). Durch die Qi Gong-Übungen soll bei
den Teilnehmenden erreicht werden, dass Energie wieder fließen und
die Harmonie zwischen Körper und Seele wiederhergestellt werden kann.
Übungen, die aus verschiedenen Bewegungsabläufen und Atemvorgän-
gen bestehen, werden von einem Lehrer in einer Gruppe vorgeführt.
Dabei handelt es sich vorwiegend um langsame, bewusst ausgeführte
Übungen im Sitzen, Stehen oder in der Bewegung. Der Teilnehmer kon-
zentriert sich während der Übungen auf seine Atmung, auf bestimmte
Körperbereiche oder auf einzelne Organe. Bei regelmäßiger Übung des Qi
Gong steigert sich die Koordinationsfähigkeit, die Konzentration und das
Reaktionsvermögen. Qi Gong eignet sich besonders zur Entspannung, zur
Erhaltung der Beweglichkeit und zur Rehabilitation (vgl. Zinke et al.,
2007, 🖥 IX 16).

## Feldenkrais

So wird die Methode nach dem israelischen Physiologen Moshe Feldenkrais genannt. Es geht darum, eigene Bewegungsabläufe bewusst wahrzunehmen. Ziel der Feldenkrais-Methode ist, sich harmonischer und wirksamer zu bewegen – egal in welcher Haltung, ob in Stehender, Sitzender oder in einer Liegenden. Außerdem wird Fehlhaltungen des Körpers entgegengewirkt und das Körpergefühl des Teilnehmenden optimiert. Durch das sanfte Körpertraining soll es dem Übenden möglich werden, sich selbst von eingefahrenen Bewegungsmustern zu befreien, beweglicher zu werden und sich positiver zu entwickeln. Durch das Ausüben dieser sanften Lektionen können vorrangig Hektiker und gestresste Manager ausgeglichener und beweglicher werden. Die bewegenden Lektionen werden in Einzelstunden vorrangig durch einen Trainer vermittelt. In Gruppenstunden probieren die Teilnehmenden die Bewegungsabläufe selbst aus. Die Feldenkrais-Methode wird vorrangig bei Gelenkschmerzen oder bei Konzentrationsschwäche angewendet (vgl. Oetting, o.J., ⌨ IX 08).

### Bewegung und Fitness

Regelmäßige Bewegung wirkt Wunder. Mitarbeiter und Führungskräfte, die sich bewegen, steigern ihr Wohlbefinden und tun etwas für ihre Gesundheit. Einzelne Unternehmen unterstützen bereits sehr aktiv Fitnessübungen im Büro. Im Trend liegt hier, Mitarbeitern Mitgliedschaften im Fitnesscenter mitzufinanzieren oder für diese im Firmengebäude einen Fitnessraum zu errichten. Langfristig gehen jedoch nur wenige sehr konsequente Mitarbeiter in Fitnesscenter und die Einrichtung eines eigenen Studios kann sich nur ein Großunternehmen leisten. Wie also können Sie mehr Bewegung in Ihr Unternehmen bzw. in Ihren Tagesablauf bringen? Im Anschluss stellen wir ein paar Beispiele vor.

Was ist gut für den Rücken?
Ein Großteil der Arbeitszeit wird in vielen Branchen ausschließlich am PC verbracht, was den Rücken ausgesprochen belastet. Häufige Gründe dafür sind

9

ständiges Sitzen und mangelnde Bewegung. So verharren Mitarbeiter oft lange in einer Position und fixieren ihren Blick auf den Computer. Dabei bewegen Sie höchstens noch die Finger, um Tastatur und Maus zu bedienen. Durch die einseitige Körperhaltung können vermehrt Rückenschmerzen auftreten. Bekannt ist, dass die meisten krankheitsbedingten Fehltage in Unternehmen durch Muskel- und Skeletterkrankungen verursacht werden. Gerade aus diesem Grunde initiieren immer mehr Führungsverantwortliche Rückenschulen in ihren Unternehmen, um diesem sehr langwierigen Leiden präventiv entgegenzuwirken (vgl. Gesellschaft Arbeit und Ergonomie, 2004, 🖥 IX 05).

Rückenschule im Unternehmen?
Die Rückenschule ist eine Methode mit dem Ziel, Rückenschmerzen vorzubeugen oder schon vorhandene zu behandeln. Die Rückenschule basiert auf der Vermittlung von Kenntnissen in den Bereichen Anatomie und Pathologie der Wirbelsäule, der Schulung von rückengerechtem Verhalten, der Gymnastik zur Beseitigung von muskulären Ungleichgewichten und der Vermittlung von Entspannungsmethoden (vgl. Streicher, 2005, 🖥 IX 12).

Für den Berufsalltag ist eine arbeitsplatzbezogene Schulung vorzuziehen, die die Bedingungen am Arbeitsplatz berücksichtigt. Diese können konkret bei einer Arbeitsplatzbegehung oder –analyse erhoben werden. Ziel dieser Maßnahmen ist, Arbeitsvorgänge der Mitarbeiter unter anatomischen Gesichtspunkten zu analysieren und rückenfreundliche Haltungs- und Bewegungsabläufe einzustudieren. Vorrangig an Bildschirmarbeitsplätzen lassen sich Haltungs- und Bewegungsabläufe gezielt durch Fachleute, wie Orthopäden, Krankengymnasten und Sportlehrer auf Rückentauglichkeit überprüfen. Im Rahmen der Rückenschule können Mitarbeiter erlernen, die richtige Sitzposition einzunehmen. Wichtig ist ...

- häufig die Sitzposition zu wechseln und dynamisch zu sitzen,
- das Sitzen oftmals durch Steh- und Gehphasen zu unterbrechen, also für eine Steh- und Sitzdynamik zu sorgen,
- den Arbeitsstuhl korrekt einzustellen (Stuhl und am besten auch Tisch sollten höhenverstellbar sein.),
- die Bildschirme und Tastaturen optimal aufzustellen und zu verwenden.

Aber auch gezielte Praxisübungen können helfen, Rückenschmerzen vorzubeugen. Übungen zur Lockerung und Dehnung der Rückenmuskulatur am Arbeitsplatz finden Sie z. B. auf dem InnoGema-Portal: www.innogema.de.

Denken Sie darüber nach, wie Sie Ihren Arbeitsplatz bewegungsfreundlicher einrichten könnten. Wie kann es gelingen, dass dieser alltagstauglich bleibt, aber trotzdem immer wieder die Körperhaltung verändert. Ein Stehpult kann für diverse Büroarbeiten genutzt werden, damit Sie häufiger Ihren Bürostuhl verlassen. So können sie beispielsweise telefonieren oder Teamsitzungsprotokolle im Stehen lesen. Am komfortabelsten sind höhenverstellbare Schreibtische, die zwar teurer sind, aber auf längere Sicht eine lohnende Investition darstellen. Wechselnde Arbeitshaltungen bringen Bewegung in ihren Arbeitsalltag und entlasten ihre Wirbelsäule.

> Machen Sie dies zu einem Leitspruch in Ihrem Unternehmen: Stehen Sie mehr, als Sie sitzen! Bewegen Sie sich mehr als Sie stehen! – dann geht es mit der Bewegung ganz von allein.

**9**

Weitere Möglichkeiten, sich außerhalb des Unternehmens zu bewegen:

Auf dem Weg zur Arbeit
Um vom Nutzen regelmäßiger körperlicher Aktivität zu profitieren, brauchen sie relativ wenig Zeit. Da sich Bewegung sinnvoll und einfach in den Tagesablauf einbauen lässt.

So lässt sich schnell ein relativ bewegungsarmer Berufsalltag zukünftig etwas mobiler gestalten. Den Ideen sind dabei keine Grenzen gesetzt. So können Mitarbeiter, die regelmäßig mit dem Fahrrad zur Arbeit kommen, sich selbst, aber auch der Umwelt etwas Gutes tun. Auch können sie, wenn sie keine andere Möglichkeit sehen, als das Auto für ihren Arbeitsweg zu nutzen, dieses etwas weiter vom Büro weg parken. Von dort aus lässt sich der Tag mit einem kleinen Spaziergang besonders gut beginnen. Weiterhin raten Experten den Mitarbeitern, die die öffentlichen Verkehrsmittel für den Arbeitsweg nutzen, ein bis zwei Haltestellen früher auszusteigen und den restlichen Weg zur Arbeit zu Fuß zu gehen.

In den Pausen und nach Feierabend
Gemeinsame sportliche Aktivitäten gelten als gute Möglichkeit für Mitarbeiter, ihre Teambeziehungen auf einer anderen Ebene zu erweitern und neue, zwanglosere Wege der Kommunikation zu entdecken. Teamevents werden daher immer beliebter. Sportarten, die sich bei solchen Events besonders eignen, sind Nordic Walking und Joggen/Laufen. Beide Formen und deren Effekte werden im Folgenden vorgestellt:

### Nordic Walking

Nordic Walking bezeichnet dynamisches Gehen unter Einsatz von speziellen Stöcken. Der Bewegungsablauf ist an eine Langlauftechnik angelehnt und ähnelt dem Diagonalschritt des klassischen Langlaufs. Bei diesem werden abwechselnd ein Arm und das gegenüberliegende Bein nach vorne geführt. Die Armbewegung unterscheidet sich nach einer Zug- und Druckphase. In der Zugphase geschieht das Nach-Vorne-Führen des Armes und in der Druckphase wird die eingesetzte Kraft des Oberkörpers über den Stock auf den Untergrund übertragen.

Ausgeübt werden kann die Sportart nahezu bei jedem Wetter, an jedem Ort, fast auf jedem Untergrund oder Gelände, in beliebiger Dauer, allein oder in der Gruppe. Wird Nordic Walking mit einer entsprechenden Intensität und Häufigkeit betrieben, sind positive gesundheitliche Effekte für das Herz-Kreislaufsystem und besonders bei Adipositas, Hypertonie, Osteoporose und Diabetes mellitus II zu erwarten. Gewarnt sei jedoch vor der generellen Empfehlung, dass Nordic Walking, die Gelenke schont. Durch die schnellere, dynamischere Ausführung der Sportart werden die Gelenke höher belastet, als beim Spazierengehen, was ebenso für das sogenannte Walking gilt. Umso wichtiger ist eine professionelle Anleitung. Für Jogger mit Belastungsproblemen kann Nordic Walking jedoch als gelenkschonende Alternative angenommen werden (vgl. Jöllenbeck, 2006, 🖥 IX 07).

9

### Joggen bzw. Laufen

Möchten Sie erstmalig mit dem Laufsport beginnen, sollten Sie genussvoll starten. Beim genussvollen Joggen bzw. Laufen handelt es sich um langsames Joggen. Dieses kann vom Tempo her ungefähr mit schnellerem Gehen verglichen werden und ist frei von jeglichem Leistungsdruck. Dieses Joggen wird ebenso als aerobes Laufen bezeichnet. Darunter ist zu verstehen, dass Energie für den Muskel aus Muskelzucker und -fetten unter Verbrauch von Sauerstoff entsteht, welcher über die Atmung aufgenommen wird.

Joggen ist als Ausdauersportart mit sanftem Konditionsaufbau anzusehen. Als Richtlinie für das richtige Tempo gilt, wenn sich der Joggende, während er aktiv ist, noch ruhig unterhalten kann. Auschlaggebend bei dieser Trainingsart ist nicht der Leistungsehrgeiz sondern ein gesunder Egoismus – für sich etwas Gutes zu tun und sein eigenes psychisches und körperliches Wohlbefinden herbeizuführen.

Immer mehr Unternehmen bilden eigene Laufgruppen. Die Mitarbeiter motivieren sich gegenseitig, verabreden den PC abzuschalten und die Laufschuhe anzuziehen. Sie können ein Firmen-T-Shirt stellen und zur Ersteinweisung einen Lauftrainer finanzieren, damit Gesundheitsschäden durch falsche Trainingsmethoden vermieden werden. Manche Mitarbeiter nehmen später gerne an öffentlichen Laufveranstaltungen teil, ob mit oder ohne Wettkampfcharakter. Auch hier gilt: Es muss nicht gleich der Halbmarathon oder Marathon sein. Krankenkassen veranstalten Läufe über kürzere Distanzen, an denen auch ungeübte Läufer teilnehmen können. Spaß macht es Anfängern umso mehr, wenn sie nicht alleine vor sich hin laufen müssen.

### Ergonomische Grundregeln für Büroarbeit

Werden die Regeln des ergonomischen Sitzens beachtet, können Rücken-, Schulter- und Nackenschmerzen vermieden werden. Zu diesen Regeln gehören:

1. Die Sitzhöhe des Bürostuhls muss in Bezug zum Bildschirm richtig eingestellt sein. Die Arme und Beine sollten im rechten Winkel stehen. Die Sitzhöhe muss optimal eingestellt werden, sodass der Kopf gerade zum Bildschirm schauen kann.
2. Der komplette Bürostuhl sollte mit der Sitzfläche eingenommen werden. Ungefähr 2/3 der Oberschenkel sollten auf der Sitzfläche aufliegen.
3. Ein leicht nach vorne gekipptes Becken führt zum aufrechten Sitzen. Durch die Benutzung der Rückenlehne kann das aufrechte Sitzen erleichtert werden.
4. Regelmäßige Bewegungen im Büroalltag sowie Bewegungen auf dem Bürostuhl z. B. durch zurücklehnen oder vorneigen fördern Ihren Körper. Das dynamische Sitzen beugt einseitigen Belastungen der Wirbelsäule vor. Daher sind Arbeitsstühle mit der Funktion „dynamisches Sitzen" für den Büroalltag sehr empfehlenswert. Des Weiteren sollten Verrichtungen, die auch im Stehen bzw. an einem Pult durchzuführen sind, z. B. telefonieren, auch dort durchgeführt werden.
5. Armlehnen, Fußstützen und Handballenauflagen sind zu nutzen. Durch das Auflegen der Arme auf die Armlehnen bzw. durch das Auflegen der Hände auf Handballenauflagen wird der Schulter- und Nackenbereich entlastet. Fußstützen entlasten die Beinmuskulatur (siehe Kapitel 8).

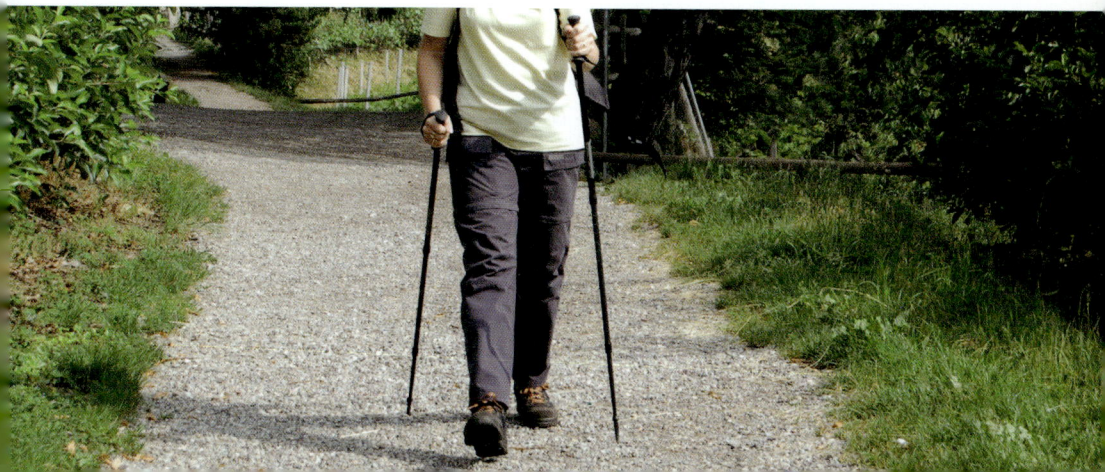

### Gesunde Ernährung

Jeder kennt den Leitspruch: „One apple a day keeps the doctor away". Im übertragenen Sinn heißt das: Wer sich gesund ernährt, fühlt sich gesünder und besitzt mehr Schaffenskraft. Auch Sie und Ihre Mitarbeiter benötigen eine ausgewogene Ernährung, um dauerhaft leistungsfähig zu bleiben, Übergewicht zu vermeiden, Ihr Wohlbefinden zu stärken und Ihr Krankeitsrisiko zu verringern (vgl. Pudel, 2004).

Da kein Lebensmittel alle Nährstoffe gleichzeitig liefert, sorgen Sie am besten dafür, dass Sie alle Lebensmittelgruppen zu sich nehmen. Bei der richtigen Zusammenstellung hilft Ihnen die Ernährungspyramide. Beim Essen gilt: Die Abwechslung bringt's!

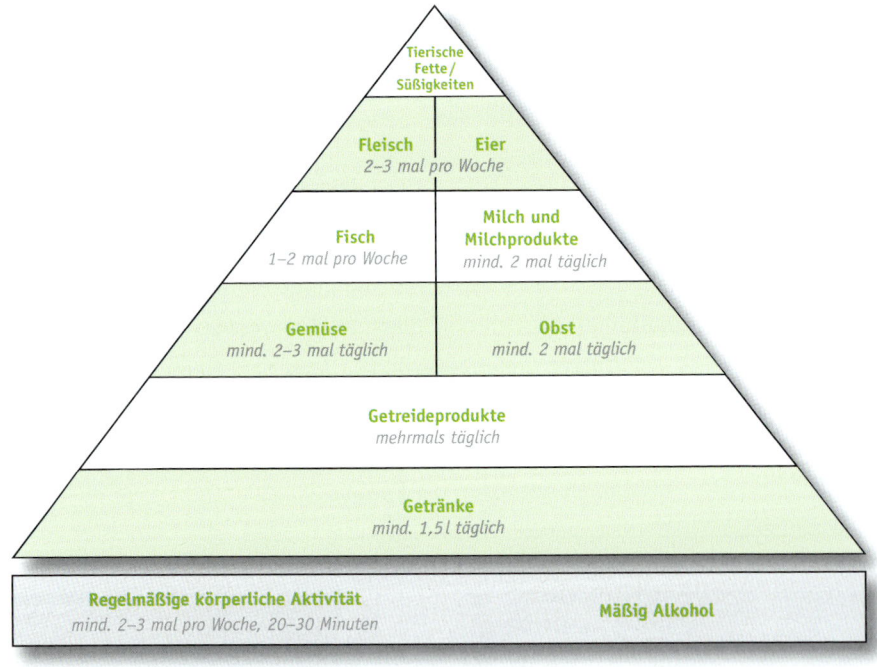

**Abb. 26: Ernährungspyramide – Orientierungshilfe zur gesunden Ernährung**
*Quelle: vgl. Wikipedia, 2010*

Morgens

Um fit in den Tag starten zu können und den Vormittag ohne Leistungstief zu absolvieren, brauchen Sie und ihre Mitarbeiter ein ausgiebiges, vollwertiges Frühstück („wie ein Kaiser"). Grundlage dieser Mahlzeit sollten überwiegend komplexe Kohlenhydrate sein, z. B. in Form eines Müslis, Vollkornbrotes oder -brötchens (Dr. Gola, 2010, 🖥 IX 04). Haben Sie es nicht geschafft, zu Hause ausgiebig zu frühstücken, empfiehlt es sich, ein bis zwei Scheiben Vollkornbrot, belegt mit Käse, Quark oder ab und zu auch mit magerer Wurst mit ins Büro zu

nehmen. Ansonsten helfen Obst, frisches Gemüse (portioniert), Joghurt oder ein Müsliriegel, die Zeit bis zum Mittagessen zu überbrücken.

Mittags

Bis zum Mittag ist Ihre Energie aufgebraucht und Ihre Reserven sollten durch eine normale Mahlzeit („wie ein Bürger") wieder aufgefüllt werden. Vergessen Sie auch hier nicht die Kohlenhydrate einzubauen (z. B. Reis, Nudeln, Kartoffeln), damit Sie den Nachmittag gut überstehen (Dr. Gola, 2010, 🖥 IX 04).

Nehmen Sie sich ausreichend Zeit zum Mittagessen und räumen Sie Ihren Mitarbeitern auch diese Zeit ein. Das Essen zwischen PC-Tastatur und Aktenordnern oder bei Telefonaten bringt nicht die notwendige Entspannung und Erholung für die zweite Hälfte des Arbeitstages. Vielleicht gibt es im Büro die Möglichkeit, etwas warm zu machen. Dann bereiten Sie zu Hause eine kleine Mahlzeit vor, wobei Sie auch dabei Gemüse oder einem Eintopf Vorrang einräumen sollten. Bringen Sie sich sonst für Ihre Mittagsmahlzeit, sofern im Büro ein Kühlschrank vorhanden ist, Käse, mageren Schinken, Joghurt, Gemüse und Obst mit. Belegen Sie das Vollkornbrötchen oder -brot mit Salatblättern und Gurke ...

Es gibt inzwischen auch viele Fertiggerichte, die sich für eine gesunde Pause eignen, wie zum Beispiel fertig zubereitete Salate, die man je nach Geschmack selbst würzen und garnieren kann. Da man natürlich von einem Salat allein nicht satt wird, empfiehlt sich zusätzlich ein Schinkenbrot oder ein Vollkorntoast, um den Hunger zu stillen.

Nehmen Sie sich bei der Auswahl ihrer Mahlzeit viel Zeit und demonstrieren Sie Ihren Mitarbeitern, dass eine gesunde Ernährung auch im Rahmen einer Bürotätigkeit funktionieren kann.

Für Unternehmen mit einer Kantine empfiehlt es sich, dort ein vielseitiges und ausgewogenes Ernährungsangebot bereitzuhalten (vgl. VBG, 2008, 🖥 IX 15).

Auch wenn Sie in der Nähe Ihres Unternehmens einen Imbiss oder ein Restaurant aufsuchen, sollten Sie dort auf leichte Kost wie Salate, Gemüse, Kartoffeln, Vollkornreis und -nudeln achten. Bei Salaten sind an Stelle der fetten Dressings lieber Essig und Öl zu wählen.

Regen Sie an, dass Ihre Mitarbeiter ihr Mittagessen gemeinschaftlich einnehmen. Ein positiver Nebeneffekt kann sein, dass sich dadurch ein stärkerer Zusammenhalt zwischen den Teammitgliedern entwickelt.

Bis zum Feierabend

Die Zeit bis zum Feierabend sollte wieder mit etwas Obst, einem Fruchtriegel, Vollkornkeksen oder Joghurt „versüßt" werden. Besonders wenn Sie erst spät zum Abendessen kommen, ist eine kleine Zwischenmahlzeit zu empfehlen, um Heißhunger zu vermeiden.

Generell gilt: Den ganzen Tag über sollten Sie daran denken, ausreichend Flüssigkeit zu sich zu nehmen, am besten in Form von Kräutertee oder Wasser – auch mit einem Schuss Fruchtsaft. Ein bis zwei Tassen Kaffee sind durchaus möglich. Wenn Sie in Ihrem Unternehmen einen Gesundheitstag veranstalten, beziehen Sie das Thema Ernährung unbedingt mit ein, am besten in Kooperation mit einem Ernährungsberater oder einem Betriebsarzt (vgl. VBG, 2008, 🖥 IX 15).

Interessante Hinweise finden Sie unter:

Bundesministerium für Ernährung, Landwirtschaft und Verbraucherschutz, 2010, 🖥 IX 02 und Dr. Gola, 2010, 🖥 IX 04.

9

### Pausengestaltung

In der Pause sollte versucht werden, vom Arbeitsalltag abzuschalten, damit Körper, Seele und Geist in Einklang gebracht werden, und ein Wohlgefühl entstehen kann. Je nach persönlichem Ziel der Pausengestaltung, wie z. B. „Energie tanken", „zur Ruhe kommen" oder „etwas Sinnvolles tun", kann die Pause individuell konzipiert werden. Die Arbeitsunterbrechung kann also der Ruhe und Besinnung dienen. Allerdings wurde auch der „positive Einfluss der aktiven Erholung auf die Arbeitsfähigkeit ..." schon frühzeitig festgestellt. Diese aktive Erholung kann z. B. durch Stretching, progressive Muskelentspannung und einfache Lockerungsübungen hervorgerufen werden.

Ein Beispiel finden Sie hier: vgl. Stresscoach, o.J., 🖥 IX 13.

> Mehrere kurze Pausen sind effektiver als wenige, längere Pausen gleicher Gesamtlänge. Lange Pausen erschweren das Zurückfinden in den Arbeitsprozess. Eine individuelle und auf die spezifischen Bedürfnisse Ihrer Beschäftigten abgestimmte Pausenregelung ist sinnvoll. Aktive Entspannung in den Arbeitspausen hat einen höheren Erholungswert als passive Pausen.

*Suchtprävention*

Ein stetiger Suchtmittelkonsum beeinträchtigt die Leistungsfähigkeit, die Arbeitsqualität und die Arbeitssicherheit Ihrer Mitarbeiter. Unter der Vielzahl an verschiedenen Suchtmitteln spielt der Konsum von Alkohol, Nikotin aber auch aufputschenden Drogen im beruflichen Kontext die wichtigste Rolle (vgl. Arbeitsgemeinsschaft der Spitzenverbände der Krankenkassen, 2008, 💻 IX 01).

Alkoholmissbrauch ist für viele Unternehmen relevant, wird aber häufig nicht ausreichend wahrgenommen. Dabei entstehen hier erhebliche Kosten für den Arbeitgeber: Bekanntermaßen bleiben Menschen mit Alkoholproblemen 16-mal häufiger dem Arbeitsplatz fern, sind 2,5-mal häufiger krank und fehlen unfallbedingt bis zu 1,4-mal länger als Mitarbeiter ohne Alkoholprobleme (vgl. VBG, 2008).

Im Folgenden werden wir auf den Konsum im betrieblichen Umfeld, dessen gesundheitliche Risiken aber auch auf deren Präventionsmöglichkeiten eingehen.

Richtlinien zum Umgang mit Alkohol bei der Arbeit

Zunehmend versuchen Menschen, dem Stress, den Sorgen und Ängsten des Alltags zu entfliehen, viele durch den Konsum von Suchtmitteln, vor allem von Alkohol. Sie gefährden damit nicht nur ihre Gesundheit, sondern werden oft auch eine Belastung für ihre unmittelbare Umgebung, also auch für ihre Kollegen.

In Großbetrieben existieren zumeist bereits Erfahrungen mit Suchpräventionsprogrammen, wogegen in kleinen und mittleren Betrieben vor allem die Führungskräfte vor der Frage stehen, wie darauf zu reagieren ist. Was ist zu tun, wenn es Anzeichen dafür gibt, dass ein Mitarbeiter regelmäßig (das muss nicht im Unternehmen selbst sein) dem Alkohol zuspricht, d. h. ein Fall von riskantem Alkoholkonsum vorliegt.

**9**

Als Richtlinie sollte gelten (und das gilt nicht nur für Sie als Führungskraft): Ein frühzeitiges Ansprechen von Problemen erspart oft langwierige Behandlungen. Dabei steht die Fürsorge und Hilfe im Vordergrund, nicht die Denunziation oder Stigmatisierung.

Mitarbeiter mit Alkoholproblemen können sowohl im Arbeitsprozess als auch durch ihr soziales Verhalten auffällig werden.

Welche Auffälligkeiten bei Mitarbeitern können Sie als Hinweise für riskanten Alkoholkonsum deuten?

- häufige Fehltage, die als Kurzerkrankung ausgewiesen werden,
- fehlerhafte Arbeitsergebnisse, Termine werden versäumt, Unzuverlässigkeit oder unregelmäßiger Arbeitsbeginn häufen sich,
- Aggressivität aus nicht nachvollziehbarem Anlass, Kritikfähigkeit geht verloren, Schuld wird immer anderen zugewiesen, Person zieht sich zurück oder das Gegenteil tritt ein: Kontakte werden zu allen gepflegt – kein Fest wird ausgelassen, Suche nach Kontaktpersonen, um Mitleid, Trost und Verständnis zu finden, erpresserisches Verhalten – bis zur Äußerung von Selbstmordgedanken, Geld wird knapper – Kollegen werden angepumpt,
- ungepflegtes Erscheinungsbild, mangelnde Körperpflege, aufgedunsenes Gesicht, glasige Augen, Gleichgewichtsstörungen beim Gehen, Alkoholfahne, die mit reichlich Rasierwasser oder Raumdüften, Mundsprays oder Kaugummi verdeckt werden soll, Zittern der Hände.

Die Entscheidung, ein Gespräch mit einem bezüglich Alkoholkonsums auffällig gewordenen Mitarbeiter zu führen, sollte nicht ad hoc gefällt, sondern gut überlegt werden. Die eigene Wahrnehmung kann durch Vorinformationen beeinträchtigt sein. Es gilt, dabei sehr sensibel vorzugehen. Bereiten Sie sich wenn möglich gemeinsam mit Ihrem Personalverantwortlichen gut auf ein solches Gespräch vor. Suchen Sie sich zur Not Hilfe bei Fachleuten (Psychologen, Ärzten). Das oberste Ziel der Gesprächsführung ist nicht die Diagnose, sondern Hilfe, d. h. die Empfehlung an den Mitarbeiter, das Gespräch mit Spezialisten zu suchen.

Bei Gesprächen ist aus psychologischer Sicht zu empfehlen, die Worte „Alkohol-missbrauch" bzw. „Alkoholabhängigkeit" zu meiden und dafür die vom wissen-schaftlichen Kuratorium der Deutschen Hauptstelle für Suchtfragen definierten Konsumklassen zu verwenden, d. h. von einem riskanten oder gefährlichen Kon-sumverhalten zu sprechen.

Entscheidend für die Möglichkeit, rechtzeitig reagieren zu können, ist natürlich auch das Verhalten der unmittelbaren Arbeitskollegen. Häufig wird aus verschie-denen Gründen das auffällige Verhalten der betreffenden Person gedeckt oder heruntergespielt. Das geht oft so lange, bis eine gewisse Toleranzgrenze über-schritten wurde, nämlich wenn das Verhalten für andere zur Gefährdung oder dauerhaften Belastung wird oder ein Team zu zerbrechen droht. Leider ist es dann oft schon zu spät. Deshalb sollten Sie versuchen, die Kollegen des Betrof-fenen rechtzeitig zur aktiven Mitarbeit bei der Lösung des Problems zu bewegen. Ein gutes Betriebsklima hilft, solche Probleme rechtzeitig anzusprechen.

Eindeutig handeln müssen Sie als Verantwortlicher, wenn der Mitarbeiter Auffäl-ligkeiten wie einen unkontrollierten Gang, Sprechschwierigkeiten, aggressives Verhalten usw. am Arbeitsplatz zeigt oder auf Grund von Alkoholkonsum akut nicht mehr arbeitsfähig ist (geregelt durch BGV und GUV). Rechtlich werden Ihre Lebenserfahrung und der Beweis des ersten Anscheins, d. h. die konkre-ten Verhaltensauffälligkeiten, als Entscheidungskriterium für das Entfernen des suchtkranken Mitarbeiters vom Arbeitsplatz anerkannt. Es empfiehlt sich, eine weitere Person hinzuzuziehen, wenn möglich die Interessenvertretung der Arbeitnehmer.

> Wichtig sind klare Ansagen von Ihnen zum Alkoholkonsum am Arbeitsplatz und zum Umgang mit alkoholauffälligen Kollegen. Es muss allen klar sein, welche Maßstäbe von Seiten der Unternehmenslei-tung an das Verhalten (bezüglich Alkoholkonsum) jedes einzelnen Mit-arbeiters angelegt werden.

Sollte der betroffene Mitarbeiter mit der Feststellung der Arbeitsunfähigkeit nicht einverstanden sein, kann er auf freiwilliger Basis einen Gegenbeweis führen. Sie sollten dem Betroffenen die Möglichkeit einer ärztlich begründeten Gegendarstellung, z. B. in Form eines Alkoholtests, anbieten. Übrigens hat die Unternehmensleitung für den Heimtransport eines arbeitsunfähigen Mitarbeiters zu sorgen, denn die Fürsorgepflicht gilt bis zur Wohnungstür – die Kosten hat allerdings der Beschäftigte zu tragen.

Rauchen bei der Arbeit

In Deutschland raucht etwa jeder dritte Arbeitnehmer. Gleichzeitig arbeiten ca. drei Millionen nichtrauchende Arbeitnehmer in Büroräumen, in denen regelmäßig Tabak konsumiert wird. Das Rauchen gilt als wichtigste zu vermeidbare Einzelursache für Invalidität und den frühzeitigen Tod. Statistisch gesehen sterben im Jahr 140.000 Menschen an den Folgen des Rauchens (vgl. DHS, 2006). Somit gilt das Rauchen als Hauptrisikofaktor für zahlreiche Krebserkrankungen wie Herzinfarkt und Schlaganfall, aber auch für die chronische Bronchitis und das Lungenemphysem. Wenn auch in einem verminderten Maße können bei den Passivrauchern die gleichen akuten oder chronischen Gesundheitsschäden auftreten, wie bei einem Raucher. Tabakrauch ist daher eindeutig als ein Gesundheitsrisiko einzustufen. Gerade um dieses Risiko einzudämmen, hat der Gesetzgeber eine Änderung in der Arbeitsstättenverordnung (ArbStättV) veranlasst.

Seit dem 03.10.2002 regelt der § 5 der Arbeitsstättenverordnung (ArbStättV) den „Nichtraucherschutz". In diesem Gesetz ist festgelegt, „dass der nicht rauchende Beschäftigte Anspruch auf einen rauchfreien Arbeitsplatz hat".

Demgemäß wurde dem Schutz der Gesundheit der nichtrauchenden Beschäftigten eindeutig Vorrang vor der Handlungsfreiheit des Rauchers gewährt (vgl. Goecke-Askotchenskii, 2004). Appelle zur gegenseitigen Rücksichtnahme zwischen den Mitarbeitern reichen jedoch nicht immer aus. Demgemäß muss in den Unternehmen eine Dienstvereinbarung zum betrieblichen Nichtraucherschutz für klare Regelungen sorgen (vgl. Arbeitsgemeinschaft der Spitzenverbände der Krankenkassen, 2008, 🖥 IX 01).

In immer mehr Unternehmen wird Rauchprävention auch deshalb zum Thema, weil sich die Raucher immer wieder Arbeitsunterbrechungen gewähren, die durch das inzwischen erforderliche Verlassen des Gebäudes immer länger werden. Zumindest in Unternehmen mit fest geregelten Arbeitszeiten wird dies zum Kostenfaktor. Aber auch innerhalb von Teams führt das dazu, dass sich nichtrauchende Kollegen fragen, wie zu rechtfertigen ist, dass sie für rauchende Kollegen die so anfallende Arbeit mit erledigen.

Konsequente Tabakprävention am Arbeitsplatz bedeutet also für die Unternehmen, nicht ausschließlich für den Nichtraucherschutz einzustehen, sondern ebenso in konkrete Raucherentwöhnungsprogramme für die Beschäftigten zu investieren.

Derzeitig gibt es unterschiedliche Rauchentwöhnungsprogramme. So können Unternehmen zu einem qualifizierten Kursleiter im Bereich Raucherentwöhnung Kontakt aufnehmen, diesen in ihren Betrieb bestellen oder eine der gesetzlichen Krankenkassen um ein auf ihren Betrieb zugeschnittenes Angebot bitten.

Wichtig ist dabei, dass die Teilnahme an Maßnahmen des Präventionsprinzips: „Rauchfrei im Betrieb" – bei einer entsprechenden Qualifizierung des Kursleiters – von den gesetzlichen Krankenkassen gemäß der gemeinsamen und einheitlichen Handlungsfelder der Spitzenverbände der Krankenkassen nach § 20/§ 20a SGB V gefördert werden kann (vgl. Arbeitsgemeinschaft der Spitzenverbände der Krankenkassen, 2008, S. 75f.).

Ein gutes Zeichen für Sie und Ihre Mitarbeiter, den Startschuss in ein rauchfreies und langfristig gesünderes Leben zu setzen.

Weiterführende Beratungs- und Hilfeangebot oder qualifizierte Kursleiter finden Sie als Führungskraft unter: www.bzga.de unter dem Bereich: Förderung des Nichtrauchens

9

Die Drogenproblematik im Unternehmen

Der Arbeitsplatz gilt im Zusammenhang mit illegalen Drogen nicht als Insel, sondern eher als Spiegelbild des Alltags. Immer häufiger werden von Managern und Mitarbeitern Drogen wie z. B. Cannabis, Ecstasy oder Kokain auch am Arbeitsplatz konsumiert (vgl. RP Online, 2008, 💻 IX 09).

Betroffen sind davon vorrangig Betriebe mit einer sehr jungen Belegschaft (vgl. Arbeitsgemeinschaft der Spitzenverbände der Krankenkassen, 2008).

Zwar existieren derzeitig keine Belege dafür, die einen Zusammenhang zwischen vermehrtem Arbeitsstress und einem gestiegenen Drogenkonsum bei Beschäftigten nachweisen. Aber es gibt zunehmend Indizien dafür, dass die Krankschreibungen nicht aufgrund gesünderer Mitarbeiter zurück gehen, sondern weil Mitarbeiter auch krank zur Arbeit kommen, oft weil sie Angst haben, ihren Arbeitsplatz zu verlieren. Es spricht einiges für die Vermutung, dass Suchtmittel wie Kokain konsumiert werden, um den Körper und die Psyche auf dem notwendigen Leistungsniveau zu halten und somit den beruflichen Anforderungen gerecht zu werden. Als sehr wahrscheinlich gilt, dass es einen „drogenfreien Betrieb" kaum mehr gibt. Somit steht das Thema auch für Sie als Führungskraft auf der Tagesordnung. Im Allgemeinen ist der Drogenkonsument nicht der „armselige Junkie am Bahnhofsvorplatz", sondern jemand, der Ihnen auf dem Büroflur begegnen kann. Oft ist es auch der unauffällige Mitarbeiter, der anständig gekleidet ist.

Gelegenheitskonsumenten nehmen illegale Drogen ausschließlich vereinzelt in ihrer Freizeit. Eine Verhaltensauffälligkeit werden Sie bei diesen Mitarbeitern demnach nur an bestimmten Tagen bemerken. Mitarbeiter, die jedoch regelmäßig Drogen konsumieren, werden ihren Konsum am Arbeitsplatz auf Dauer nicht kaschieren können. Vermutlich sind sie bereits seelisch und körperlich abhängig. Wenn Sie als Führungskraft in einer kleinen Organisa-

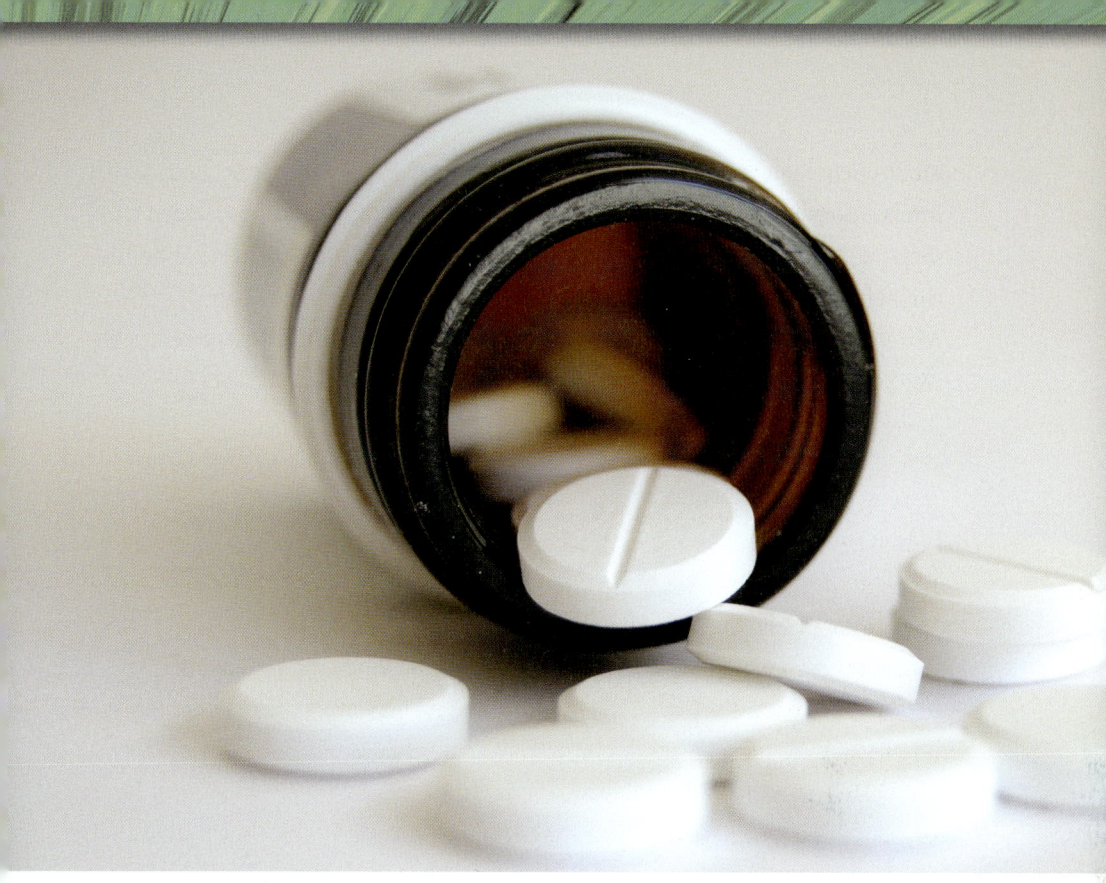

tionseinheit agieren, haben sie den Vorteil, dass Sie Ihren Mitarbeitern regelmäßig begegnen und diese recht gut kennen. Sie können Auffälligkeiten also frühzeitig erkennen und Ihren Mitarbeiter gezielt, aber in einem geschützten Rahmen, auf das Thema ansprechen. Sie demonstrieren durch ihr Handeln Interesse an Ihrem Mitarbeiter.

Besteht aus Ihrer Sicht kein begründeter Verdacht, der es rechtfertigt, einen einzelnen Mitarbeiter anzusprechen, so können Sie doch in Ihrem Unternehmen offen über den Umgang mit Suchtmitteln sprechen und sich gegenüber Ihren Mitarbeitern auch zu einem solchen Thema gesprächsbereit zeigen. Durch dieses Vorgehen können Sie erreichen, dass sich die Einstiegsmotivation der Mitarbeiter in den Suchtmittelkonsum minimiert. Zudem kann so die Hemmung der Mitarbeiter abgebaut werden, dieses Thema auf Teamsitzungen anzusprechen. In diesem Rahmen lernen alle Mitarbeiter, dass auch Sie als Führungskraft, Suchtmittelprobleme bei Beschäftigten in Betracht ziehen. Nur in einem solchen Klima kann frühzeitig geholfen werden. Zudem kann die Fachkraft für

Arbeitssicherheit dem Team in kritischen Fragen zur Seite stehen und gezielt Informationsmaterial bereitstellen und zu den Themen Alkohol, psychisch wirksame Medikamente und illegale Drogen bereitstellen und auf deren arbeitssicherheitsgefährdende Wirkung hinweisen.

Weiterführende Beratungs- und Hilfeangebote oder qualifizierte Kursleiter finden Sie unter: BZGA, 2010, 🖳 IX 03.

# Anhang

## Literatur

Antonovsky, A. (1997): Salutogenese. Zur Entmystifizierung der Gesundheit. Tübingen: DGVT-Verlag.

Amann, S.; Ammon, U.; Freigang-Bauer, I.; Hentrich, J.; Kuchenbecker, M.; Maylandt, J. & Pröll, U. (2009): Gesünder arbeiten in kleinen Unternehmen: Ein Thema für Kammern und Verbände. Erfahrungen und Anregungen aus dem BMBF-Verbundvorhaben PräTrans. Sozialforschungsstelle TU Dortmund / RKW Kompetenzzentrum Eschborn.

Badura, B.; Walter, U. & Hehlmann, T. (2010): Betriebliche Gesundheitspolitik. Berlin, Heidelberg: Springer Verlag.

Bamberg, E.; Ducki, A. & Metz, A.-M. (1998): Betriebliche Gesundheitsförderung. Göttingen: Hogrefe.

Beck, D. (2004): Zum Stellenwert der Mitarbeiterbefragung in der betrieblichen Gesundheitsförderung. Discussion Paper der BGF. März/April 2004. DP 04-0304. Berlin: Gesellschaft für Betriebliche Gesundheitsförderung (BGF).

Becke, G.; Klatt, R.; Schmidt, B.; Stieler-Lorenz, B. & Uske, H. (2010): Prävention – Motor für Innovationen in der Wissensökonomie. In: Praeview – Zeitschrift für Innovative Arbeitsgestaltung und Prävention, Jg. 1, H.1, 7. Dortmund: Gaus GmbH.

BGW – Berufsgenossenschaft für Gesundheitsdienst und Wohlfahrtspflege (2009): Gesundheit als Führungsaufgabe, Positionspapier. Hamburg.

Bölts, J. (2008): Qi Gong – Gesundheitstraining nach der Traditionellen Chinesischen Medizin (TCM). In: Kollak, I.: Burnout und Stress. Anerkannte Verfahren zur Selbstpflege in Gesundheitsfachberufen. Heidelberg: Springer Verlag.

Borgdorf-Albers, G. (2000): Ruhepunkte. Hilfen gegen Stress. Stuttgart: Ernst Klett-Verlag.

BZgA – Bundeszentrale für gesundheitliche Aufklärung (2001): Was erhält den Menschen gesund? Antonovskys Modell der Salutogenese – Diskussionsstand und Stellenwert. Eine Expertise von Jürgen Bengel, Regine Strittmatter und Hildegard Willmann, Reihe Forschung und Praxis der Gesundheitsförderung, Bd. 6. Köln.

Cernavin, O. (2001): Prävention fördert nachhaltige Wertschöpfung. In der Wissensökonomie wird Prävention zunehmend Teil von innovativer Arbeitsgestaltung. In: DLR-Projektträger des BMBF „Arbeitsgestaltung und Dienstleistungen" (Hrsg.), Arbeitsschutz im Wandel – Neue Wege-Anregungen-Projekte. S. 22–33. Heidelberg: HVA.

DAK – Deutsche Angestellten Krankenkasse (2005): DAK Gesundheitsreport 2005. Arbeitsbedingungen und Gesundheit bei Bürofach- und Bürohilfskräften. Hamburg: DAK Zentrale.

Deutsche Hauptstelle für Suchtfragen e.V. – DHS (2006): Jahrbuch Sucht 2006. Geesthacht: Neuland-Verlag.

DGB – Index Gute Arbeit (2007): Work-Life-Balance 2007 – Der Report. Wie die Beschäftigten die Vereinbarkeit von Berufs-, Familien- und Privatleben beurteilen. Berlin: DGB Index Gute Arbeit GmbH.

Frieling, E.; Sonntag, K. (1999): Lehrbuch Arbeitspsychologie. Bern: Verlag Hans Huber.

Gersterkamp, T. (2002): Neue Strukturen und Verhaltensweisen in der Arbeitswelt – der Weg vom abhängig Beschäftigten zum Arbeitskraftunternehmer. In: Kock, K.; Kurth, M.: Arbeiten in der New Economy. SFS Bd. 128, S. 7–17. Dortmund: Sozialforschungsstelle TU Dortmund.

GEK – Gmünder Ersatzkasse (o.J.): Der Gesundheitsbaukasten – Werkzeuge, Pläne und Materialien zur Förderung der Mitarbeitergesundheit in Klein- und Mittelbetrieben. Zusammengestellt vom Institut für Arbeitswissenschaft und Technologiemanagement (IAT) der Universität Stuttgart.

Goecke-Askotchenskii, M. (2004): Rauchfreie Arbeitsplätze. Informationen und Strategien für die betriebliche Umsetzung. Wiesbaden: Universum Verlagsanstalt.

IG Metall (2003a): Mobbing wirkungsvoll begegnen – ein Ratgeber der IG Metall. Reihe Gesünder Arbeiten, Arbeitshilfe 16. Frankfurt am Main: Verlag IG Metall.

IG Metall (2003b): Die Innovation der Innovationspolitik. Computer-Fachwissen 9/2003. S. 4–12. Frankfurt am Main.

Ilmarinen, J., Tempel, J. (2002a): Erhaltung, Förderung und Entwicklung der Arbeitsfähigkeit-Konzepte und Forschungsergebnisse aus Finnland. Fehlzeiten-Report 2002-Demographischer Wandel. S. 84–99. Berlin: Springer Verlag.

Ilmarinen, J. ; Tempel. J. (2002b): Arbeitsfähigkeit 2010. Was können wir tun, damit wir gesund bleiben? Hamburg: VSA-Verlag.

INQA – Initiative Neue Qualität der Arbeit (2009): Arbeitsbewältigungs-Coaching. Neue Herausforderungen erfordern neue Beratungswerkzeuge. Dortmund: Bundesanstalt für Arbeitsschutz und Arbeitsmedizin.

Institut für Demoskopie Allensbach (2005): Familienfreundlichkeit im Betrieb. Ergebnisse einer repräsentativen Bevölkerungsumfrage. Berlin: Bundesministerium für Familie, Senioren, Frauen und Jugend.

Kaluza, G. (2004): Stressbewältigung. Trainingsmanual zur psychologischen Gesundheitsförderung. Berlin: Springer Verlag.

Kather-Skibbe, P. (2010): Kooperation mit Anbietern und Nachfragern betrieblicher Gesundheitsdienstleistungen (Phase II im Vorgehensmodell: Analyse und Beratung). In: Simon, D.; Heger, G.; Reszies, S. (Hrsg.): Innovatives Gesundheitsmanagement im kleinbetrieblichen Setting. Werkstattbericht zur Umsetzung eines Kooperations-modells. S. 66–85. Berlin: Schriftenreihe htw transfer.

Kock, K.; Kutzner, E. (2006): Betriebsklima. Überlegungen zur Gestaltbarkeit eines unberechenbaren Phänomens. Dortmund: Sozialforschungsstelle TU Dortmund.

Kreis, J.; Bödeker, W. (2003): Gesundheitlicher und ökonomischer Nutzen betrieblicher Gesundheitsförderung und Prävention. Zusammenstellung der wissenschaftlichen Evi-denz, IGA-Report Nr.3. Essen: BKK Bundesverband.

Lauterbach, M. (2005): Gesundheitscoaching. Strategien und Methoden für Fitness und Lebensbalance im Beruf. Heidelberg: Carl Auer-Verlag.

Lehmann, K.; Deplazes, S. (2008a): Zusammenarbeit im Team. In: Bauer, G.; Schmid, M. (Hrsg.): KMU-vital. Ein webbasiertes Programm zur betrieblichen Gesundheitsförde-rung. S. 141–146. Zürich: Vdf Hochschulverlag.

Lehmann, K.; Kündig, S. & Matthies, F. (2008b): Gesundheitszirkel. In: Bauer, G.; Schmid, M. (Hrsg.): KMU-vital. Ein webbasiertes Programm zur betrieblichen Gesund-heitsförderung. S. 115–123. Zürich: Vdf Hochschulverlag.

Meschkutat, B.; Stackelbeck, M. & Langenhoff, G. (2002): Der Mobbing-Report – Eine Repräsentativstudie für die Bundesrepublik Deutschland. 1. Auflage. Bremerhaven: Wirtschaftsverlag NW Verlag für neue Wissenschaft GmbH.

Moegling, K. (2006): Untersuchungen zur Gesundheitswirkung des Tai Chi Chuan. Reihe Bewegungslehre & Bewegungsforschung. Band 6. Immenhausen bei Kassel: Prolog-Verlag.

Pudel, V. (2004): Prävention von Ernährungsstörungen. In: Hurrelmann, K.; Klotz, Th.; Haisch, J.: Lehrbuch Prävention und Gesundheitsförderung. S. 111–120. Bern, Göt-tingen, Toronto, Seattle: Verlag Hans Huber.

Rosenstiel, v. L.; Molt, W. & Rüttinger, B. (2005): Organisationspsychologie. 9. Auflage. Stuttgart: Kohlhammer Verlag.

Schneider, H.; Gerlach, I.; Juncke, D. & Krieger, J. (2008): Betriebswirtschaftliche Ziele und Effekte einer familienbewussten Personalpolitik. Forschungszentrum Familienbe-wusste Personalpolitik – Arbeitspapier Nr. 5. Berlin.

Schwarzer, R. (2004): Psychologie des Gesundheitsverhaltens. Einführung in die Gesundheitspsychologie. 3. überarbeitete Auflage. Göttingen: Hogrefe Verlag GmbH.

Siegrist, J.; Knesebeck, v. O. (2004): Prävention chronischer Stressbelastung. In: Hurrel-mann, K.; Klotz, Th. & Haisch, J. (Hrsg.): Lehrbuch Prävention und Gesundheitsför-derung. S. 121–129. Bern, Göttingen, Toronto, Seattle: Verlag Hans Huber.

Stadler, P.; Spieß, E. (2002): Mitarbeiterorientierte Führung und soziale Unterstützung am Arbeitsplatz. Schriftenreihe der Bundesanstalt für Arbeitsschutz und Arbeitsmedizin (Hrsg.). Dortmund, Berlin, Dresden.

Ulich, E. (2005): Arbeitspsychologie. 6. Überarbeitete und erweiterte Auflage. Zürich: Verlag C. E. Poeschel.

Ulich, E.; Wülser, M. (2005): Gesundheitsmanagement in Unternehmen. Arbeitspsychologische Perspektiven. Wiesbaden: Gabler Verlag.

Verwaltungsberufsgenossenschaft (2008): GMS – Gesundheit mit System. Leitfaden für ein betriebliches Gesundheitsmanagement. VBG-Fachinformation. Hamburg.

WIdO – Wissenschaftliches Institut der AOK (2009): Steigender Krankenstand: psychische Erkrankungen weiterhin auf dem Vormarsch, Pressemitteilung vom 25.2.2009. Berlin.

# Internetquellen

## Kapitel 1 – Potenziale und Herausforderungen kleiner Unternehmen

I01: BKK Bundesverband GbR (2008): BKK Gesundheitsreport 2008. Seelische Krankheiten prägen das Krankheitsgeschehen. Essen. (http://www.bkk.de/fileadmin/user_upload/PDF/Arbeitgeber/gesundheitsreport/Gesundheitsreport2008_kompletter_Report.pdf, Zugriff am 22.04.2010).

I02: INQA – Initiative Neue Qualität der Arbeit (o.J.): Ist Ihr Betreib fit für den Demographischen Wandel? Dortmund. (http://www.inqa-demographie-check.de/, Zugriff am: 22.04.2010).

I03: Morschhäuser, M.; Matthäi, I. (o.J.): Anleitung zur Altersstrukturanalyse. Saarbrücken: Institut für Sozialforschung und Sozialwirtschaft e.V. (http://www.lago-projekt.de/medien/instrumente/Altersstrukturanalyse.pdf, Zugriff am: 22.04.2010).

I04: Senatsverwaltung für Wirtschaft, Technologie und Frauen; Senatsverwaltung für Integration, Arbeit und Soziales (Hrsg.) (2008): Wirtschafts- und Arbeitsmarkt 2007/2008. Berlin. (http://www.berlin.de/imperia/md/content/sen-wirtschaft/publikationen/berichte/wab2008.pdf?start&ts=1275638740&file=wab2008.pdf, Zugriff am 01.07.2010).

I05: Statistische Bundesamt (2009): Bevölkerung Deutschlands bis 2060. 12. koordinierte Bevölkerungsvorausberechnung. Begleitmaterial zur Pressekonferenz am 18. November 2009 in Berlin. Wiesbaden. (http://www.destatis.de/jetspeed/portal/cms/Sites/destatis/Internet/DE/Presse/pk/2009/Bevoelkerung/pressebroschuere__bevoelkerungsentwicklung2009,property=file.pdf, Zugriff am: 22.04.2010).

I06: Statistisches Bundesamt (2010): 12. Koordinierte Bevölkerungsvorausberechnung. Wiesbaden. (http://www.destatis.de/laenderpyramiden/, Zugriff am: 16.06.2010).

I07: vbw – Vereinigung der Bayerischen Wirtschaft e.V. (2008): Arbeitslandschaft 2030. Steuert Deutschland auf einen generellen Personalmangel zu? Eine Studie der PROGNOS AG Basel. München. (http://www.prognos.com/fileadmin/pdf/publikationsdatenbank/Arbeitslandschaft_2030_Langfassung_2008-10-08.pdf, Zugriff am: 22.04.2010).

## Kapitel 2 – Warum ist Betriebliche Gesundheitsförderung sinnvoll?

II01: Europäisches Netzwerk für Betriebliche Gesundheitsförderung (2007): Luxemburg Deklaration. (http://www.netzwerk-unternehmen-fuer-gesundheit.de/

fileadmin/rs-dokumente/dateien/Luxemburger_Deklaration_22_okt07.pdf, Zugriff am: 01.07.2010).

## Kapitel 3 – Umsetzung der Gesundheitsförderung im Unternehmen

💻 III 01: Arbeit und Zukunft e.V. (o.J.): Hamburg. (http://www.arbeitundzukunft.de/index.html, Zugriff am: 22.04.2010).

💻 III 02: Deutsches WAI-Netzwerk (2008): Der WAI. Wuppertal. (http://www.arbeitsfaehigkeit.uni-wuppertal.de/index.php?der-wai&PHPSESSID=66d6ff66a13b7bdb 93540f9132845a25, Zugriff am: 22.04.2010).

💻 III 03: Gesellschaft Arbeit und Ergonomie – online e.V. (2009): Gesundheitszirkel – Verfahrensregeln. Frankfurt am Main. (http://www.ergo-online.de/site.aspx?url=html/gesundheitsvorsorge/betriebliche_gesundheitsfoerd/gesund-heitszirkel_verfahrensr.html, Zugriff am: 22.04.2010).

💻 III 04: InnoGema (2010): Work Ability Index – online Fragebogen (Kurzversion). Berlin. (http://www.innogema.de/wai_test.html, Zugriff am: 22.04.2010).

## Kapitel 4 – Unterstützung für Kleinunternehmen

💻 IV 01: VBG – Verwaltungsberufsgenossenschaft (2010): GMS – Gesundheit mit System. Hamburg. (http://www.vbg.de/praevention/praeventionsleistungen/GMS.html, Zugriff am: 05.08.2010).

💻 IV 02: Berufsgenossenschaft Metall Nord Süd (2010): Besondere Beratungsangebote. Mainz-Weisenau. (http://www.bg-metall.de/praevention/arbeitssicherheit/besondere-beratungsangebote/gim-gesund-im-mittelstand.html, Zugriff am: 16.04.2010).

💻 IV 03: Deutsche Rentenversicherung Bund (2007): Betriebliches Eingliederungsmanage-ment. Berlin. (http://www.deutsche-rentenversicherung-bund.de/nn_18780/SharedDocs/de/Navigation/Service/Zielgruppen/arbeitgeber/eingliederungs-management__node.html__nnn=true, Zugriff am: 16.04.2010).

💻 IV 04: INQA – Initiative Neue Qualität der Arbeit (2010): Datenbank Gute Praxis. Dortmund. (www.inqa.de/Inqa/Navigation/Gute-Praxis/datenbank-gute-praxis.html, Zugriff am: 16.04.2010).

💻 IV 05: Krankenkassen Deutschland (2010): Gesundheitskurs: Krankenkassen unter-stützen Vorsorge. Berlin. (http://www.krankenkassen.de/gesetzliche-kranken-kassen/leistungen-gesetzliche-krankenkassen/praevention-vorsorge-kranken-kassen/Gesundheitskurse/, Zugriff am: 16.04.2010).

IV 06: Zukunftsfähige Arbeit in Rheinland-Pfalz (o.J.): Arbeitswelt im Wandel. Mainz. (http://www.za-rlp.de/zukunftsfaehige-arbeit/, Zugriff am: 01.07.2010).

## *Kapitel 5 – Gesundheitsförderung – eine Frage von Kultur und Klima*

V 01: Bundesinitiative „Unternehmen: Partner der Jugend" (UPJ) e.V. (2010): UPJ – Unternehmen. Verbinden. Gestalten. (http://www.upj.de/UEber-UPJ.10.0.html, Zugriff am: 29.04.2010).

V 02: BMAS – Bundesministerium für Soziales und Arbeit (o.J.): Unternehmens-Werte. Corporate Social Responsibility in Deutschland. Berlin. (http://www.csr-in-deutschland.de/portal/generator/1836/startseite.html, Zugriff am: 29.04.2010).

V 03: BBE – Bundesnetzwerk Bürgerliches Engagement (o.J.): Partnerschaften von Unternehmen mit der Zivilgesellschaft. Berlin. (http://www.b-b-e.de/index. php?id=unternehmensengagement1, Zugriff am: 29.04.2010).

V 04: Bundesvereinigung der deutschen Arbeitgeberverbände e.V. (o.J.): CSR Germany – deutsche Unternehmen tragen gesellschaftliche Verantwortung. Berlin. (http://www.csrgermany.de/www/CSRcms.nsf/ID/home_de, Zugriff am: 29.04.2010).

V 05: BGW – Berufsgenossenschaft für Gesundheitsdienst und Wohlfahrtspflege (2010): BGW Projekt: Gesundheitsfördernd Führen. (http://www.bgw-online. de/internet/generator/Inhalt/OnlineInhalt/Medientypen/Fachartikel/Projekt-Gesundheitsfoerdernd-fuehren.html, Zugriff am: 25.06.2010).

V 06: Europäisches Netzwerk für Betriebliche Gesundheitsförderung (2007): Luxemburg Deklaration. (http://www.netzwerk-unternehmen-fuer-gesundheit.de/ fileadmin/rs-dokumente/dateien/Luxemburger_Deklaration_22_okt07.pdf, Zugriff am: 01.07.2010).

V 07: Great Place to Work Institute Deutschland (2010): Deutschlands Beste Arbeitgeber 2010. Köln. (http://www.greatplacetowork.de/, Zugriff am: 29.04.2010).

V 08: INQA-Mittelstand (2009): Check „Guter Mittelstand ist kein Zufall" Wie lassen sich die Arbeitsgestaltungen und Organisationen verbessern? Dortmund. (http://www.guter-mittelstand.de/html/mittelstand/download/check-mittelstand.pdf, Zugriff am: 22.04.2010).

V 09: Kock, K.; Kutzner, E. (2006): Betriebsklima. Überlegungen zur Gestaltbarkeit eines unberechenbaren Phänomens. Dortmund. (http://www.sfs-dortmund.de/ odb/Repository/Publication/Doc/5/beitr148_betriebsklima.pdf, Zugriff am: 29.04.2010).

V 10: Landesehrenamtskampagne Gemeinsam-Aktiv (2009): Corporate Citizenchip – Unternehmen engagieren sich als gute Bürger. Wiesbaden. (http://www.gemeinsam-aktiv.de/dynasite.cfm?dsmid=8390, Zugriff am: 29.04.2010).

V 11: LexiCom (2007): Checkliste Mitarbeitergespräch. Ohne Ortsangabe. (http://www.uni-koblenz-landau.de/landau/fb5/iew/wfwm/seminare/sose09/lmatru/s07/dokument-3, Zugriff am: 20.05.2010).

V 12: Meschkutat, B.; Stackelbeck, M.; Langenhoff, G. (2002): Der Mobbing-Report. Eine Repräsentativstudie für die Bundesrepublik Deutschland. In: Schriftenreihe der BAuA – Bundesanstalt für Arbeitsschutz und Arbeitssicherheit (Hrsg.). Dortmund, Berlin. (http://www.baua.de/cae/servlet/contentblob/682700/publicationFile/46973/Fb951.pdf;jsessionid=4B4CFFF44B5D3F75F99BA5D7E950FD37, Zugriff am: 29.04.2010).

V 13: Wittschier, B. M. (2002): 6 Geheimnisse für ein gutes Betriebsklima. Frankfurt am Main. (http://www.beruf-und-familie.de, Zugriff am: 29.04.2010).

## Kapitel 6 – Gesundheitsförderung ganz praktisch

VI 01: Berufundfamilie gemeinnützige GmbH – eine Initiative der Gemeinnützigen Hertie Stiftung (2010): Aktuelles. Frankfurt am Main. (http://www.beruf-und-familie.de/, Zugriff am: 22.04.2010).

VI 02: Gesellschaft Arbeit und Ergonomie – online e.V. (2004): Wann stimmen die Umgebungsfaktoren am Arbeitsplatz? Frankfurt am Main. (http://www.ergo-online.de/site.aspx?url=html/grundkurs_bueroalltag/die_arbeitsplatzumgebung/wann_stimmen_die_umgebungsfak.html, Zugriff am: 22.04.2010).

VI 03: DNBGF – Deutsches Netzwerk für Betriebliche Gesundheitsförderung (o.J.); Vereinbarkeit von Beruf und Privatleben. Essen. (http://www.dnbgf.de/bgf-themen/was-ist-bgf/vereinbarkeit-von-beruf-und-privatleben.html, Zugriff am: 05.08.2010).

VI 04: Imedo GmbH (o.J.): Hilfe bei Burnout. Berlin. (http://www.hilfe-bei-burnout.de/, Zugriff am: 22.04.2010).

VI 05: Kählert, H.; Schäfer-Breede, K.; Flößer, E. (2010): Clever & Mobil. Aktionen für Betriebe. Ideen und Anregungen für eine Aktionswoche „Betriebliches Mobilitätsmanagement". Clever mobil und fit zur Arbeit. Eine Klima-Bündnis-Kampagne für mehr Nachhaltigkeit und Effizienz durch betriebliches Mobilitätsmanagement. Frankfurt. (http://www.effizient-mobil.de/uploads/tx_abdownloads/files/Aktionsleitfaden_01.pdf, Zugriff am: 26.05.2010).

VI 06: Lasa Brandenburg – Landesagentur für Struktur und Arbeit (2008): Starke Unternehmen für Familien. Informationen für Unternehmen. Potsdam. (http://www.lasa-brandenburg.de/fileadmin/user_upload/MAIN-dateien/ElternzeitA4_web_sicherNEU.pdf, Zugriff am: 22.04.2010).

⌨ VI 07: Lauterbach, M. (2008): Gesundheitscoaching und gesundheitsgerechte Führung, Vortrag mit PPP. Hamburg. (http://www.fuerstenberg-institut.de/pdf/
gesundheitskongress-dr-lauterbach.pdf, Zugriff am: 17.6.2010).

⌨ VI 08: Rauen, C. (2008): Coaching Links. Goldenstedt. (http://www.coaching-links.
de/, Zugriff am: 20.04.2010).

⌨ VI 09: SelbstAkademie (2008): MBI – Maslach Burnout Inventory nach Maslach
& Jackson. Barbing. (http://www.selbstakademie.org/lexikon-der-selbst-
akademie/mbi-maslach-burnout-inventory-nach-maslach-jackson-2.html,
Zugriff am: 22.04.2010).

⌨ VI 10: Zeit zu Leben (o.J.): Was muss ein Coach können und finde ich den richtigen
für mich? Altenmedingen. Altenmedingen. (http://www.zeitzuleben.de/arti-
kel/beruf/coaching-4.html, Zugriff am: 22.04.2010).

## Kapitel 7 – Geeignete Partner finden

⌨ VII 01: BDM-Datenbank (2009): BGMDB – Die Anbieterdatenbank. Bonn. (http://www.
bgmdb.de/, Zugriff am: 22.04.2010).

## Kapitel 8 – Methoden der Gesundheitsförderung

⌨ IX 01: Arbeitsgemeinschaft der Spitzenverbände der Krankenkassen (2008): Gemeinsame und einheitliche Handlungsfelder und Kriterien der Spitzenverbände der
Krankenkassen zur Umsetzung von §§ 20 und 20 a SGBV vom 21. Juni 2000 in der
Fassung vom 2. Juni 2008. Bergisch Gladbach. (http://www.vhs-st.de/cmsms/
uploads/File/GKV-Handlungsleitfaden_Bund_der_Krankenkassen.pdf, Zugriff am:
30.04.2010).

⌨ IX 02: Bundesministerium für Ernährung, Landwirtschaft und Verbraucherschutz (o.J.):
Gesunde Ernährung. Bonn. (http://www.bmelv.de/cln_173/DE/Ernaehrung/
GesundeErnaehrung/gesunde-ernaehrung_node.html, Zugriff am: 22.04.2010).

⌨ IX 03: BZgA – Bundeszentrale für gesundheitliche Aufklärung (2010): check yourself.
Köln. (http://www.drugcom.de/?uid=5596704603ce4afed26b360a9f093183&i
d=start, Zugriff am: 20.05.2010).

⌨ IX 04: Dr. Gola – Institut für Ernährung und Prävention. Berlin. (http://www.drgola.
de/, Zugriff am: 20.05.2010).

⌨ IX 05: Gesellschaft Arbeit und Ergonomie – online e.V. (2004): Wann stimmen die
Umgebungsfaktoren am Arbeitsplatz? Frankfurt am Main. (http://www.ergo-
online.de/site.aspx?url=html/grundkurs_bueroalltag/die_arbeitsplatzumge-
bung/wann_stimmen_die_umgebungsfak.htm, Zugriff am: 22.04.2010).

⌨ IX 06: Gienger, M. (2004): Edelstein – Massagen mit Beiträgen von Rainer Strebel, Ewald Kliegel, Hildegard Weiss und Ursula Dombrowsky. 2. Auflage. Neue Erde GmbH: Tübingen. (http://www.edelsteinmassage.de/loads/Edelsteinmassagen-Intro1.pdf, Zugriff am: 04.02.2010).

⌨ IX 07: Jöllenbeck, T.; Grüneberg, C. (2006): Gesund durch Nordic Walking – Prävention oder Mythos? Modifizierter Auszug aus dem Beitrag: Jöllenbeck, T.; Grüneberg, C.: Prävention durch Nordic Walking – Gesundheitsbezogene Effekte für Bewegungsapparat und Herz-Kreislauf-System. S. 132–138. Idstein. (http://www.bad-sassendorf.de/generator.aspx/property=Data/id=128332/Joe-Grue-2008-FP-01.pdf, Zugriff am: 19.04.2010).

⌨ IX 08: Oetting, M. (o.J.): Feldenkrais: gesund und beweglich ohne Anstrengung. Warum ruhige, sanfte Bewegungen gesünder sein können als schweißtreibende Fitness, erklärt die Feldenkrais-Methode. Mit Lektionen für Schultern, Rücken und Beine zum Selbstüben. Hamburg. (http://www.geo.de/GEO/mensch/medizin/2284.html?p=1, Zugriff am: 14.04.2010).

⌨ IX 09: RP Online GmbH (2008): Doping im Büro. Wenn Berufstätige zu Drogen greifen. Düsseldorf. (http://www.rp-online.de/beruf/arbeitswelt/Wenn-Berufstaetige-zu-Drogen-greifen_aid_612645.html, Zugriff am: 04.05.2010).

⌨ IX 10: Schlobinski, P.; Feng, L. (o.J.): Tai-Chi-Chuan – im Reich der Bilder und Zeichen. Hannover. (http://www.mediensprache.net/de/medienanalyse/pubs/2/content/9783411043156_schlobinski_feng.pdf, Zugriff am: 12.03.2010).

⌨ IX 11: Standhardt, R.; Löhmer, C. (2006) Die heilende Kraft der Achtsamkeit. Jon Kabat-Zinn und Saki Santorelli im Gespräch mit Petra Meibert und Angelika Wild-Regel. Ohne Ortangabe. (http://www.mbsr-ausbildung.de/dokumente/Publikationen/Heilende_Kraft.pdf, Zugriff am: 04.02.2010).

⌨ IX 12: Streicher, H. (2005): Neue Ansätze in der Rückenschule? Effekte einer therapeutischen Rückenschule mit integrativem propriozeptiv-koordinativen Training. Universität Leipzig. (http://www.zeitschrift-sportmedizin.de/Inhalt/images/Heft%200405/100-%20105.pdf, Zugriff am: 22.04.2010).

⌨ IX 13: Stresscoach (o.J.): Die Wirkung von Kurzpausen am Arbeitsplatz im Hinblick auf Arbeitsbewältigung und Zufriedenheit. Ohne Ortsangabe. (http://www.stresscoach.at/Pressefiles/artikel_kurzpausen.pdf, Zugriff am: 22.04.2010).

⌨ IX 14: TK – Techniker Krankenkasse (2010): Phantasiereise am Strand. Hamburg. (http://www.tk-online.de/tk/enstpannungstechniken/gedanken-phantasiereisen/phantasiereise-strand/131678, Zugriff am: 29.04.2010).

⌨ IX 15: VBG – Verwaltungs- und Berufsgenossenschaft (2008): Stressprävention – Leitfaden. Hamburg. (http://www.vbg.de/stresspraevention/index.html?url=p_stress/leitf/inhalt.htm, Zugriff am: 29.04.2010).

⌨ IX 16:  Zinke, E.; Gröben, F. & Pint-Neurat, P. (2007): Entspannte Bewegung und gesunder Sport: Pilates, Feldenkrais, Tai Chi, Autogenes Training, Yoga, Walking, Jog-
ging & Co. Frankfurt am Main. (http://www.ergo-online.de/site.aspx?url=html/
gesundheitsvorsorge/vorsorge_ruecken/entspannte_bewegung_und_sport.
htm, Zugriff am: 08.04.2010).

# Abbildungsverzeichnis

# Veröffentlichungen des Forschungsprojekts InnoGema

Hannemann, V.; Genzmer, S. (2010): Kleinunternehmen für Betriebliche Gesundheitsförderung gewinnen – in einem regionalen Netzwerk. In: Henning, K.; Bach, U. & Hees, F. (Hrsg.): Präventiver Arbeits- und Gesundheitsschutz 2020: Prävention weiterdenken! Aachener Reihe Mensch und Technik, Bd. Nr. 63. S. 184–199. Wissenschaftsverlag Mainz in Aachen.

Reszies, S. (2009): Betriebliche Gesundheitsförderung als Innovationsstrategie – Angebotsentwicklung mit und für Unternehmen. In: Gatermann, I.; Fleck, M. (Hrsg.): Innovationsfähigkeit sichert Zukunft. Beiträge zum 2. Zukunftsforum Innovationsfähigkeit des BMBF. S. 229–235. Berlin: Duncker & Humblot.

Simon, D.; Heger, G. (2009): Neue Wege für mehr Gesundheit im Unternehmen. Betriebliche Gesundheitsförderung als innovative Dienstleistung. FHTW transfer Nr. 55-2009. Berlin: FHTW transfer.

Simon, D.; Heger, G.; Reszies, S. (2010): Innovatives Gesundheitsmanagement im kleinbetrieblichen Setting. Werkstattbericht zur Umsetzung eines Kooperationsmodells. HTW transfer Nr. 60-2010. Berlin: HTW transfer.

Simon, D.; Heger, G. (2009): Kundenintegration bei der Entwicklung innovativer Dienstleistungen zur betrieblichen Gesundheitsprävention. S. 362–378. In: Henning, K.; Leisten, I.; Hees, F. (Hrsg.): Innovationsfähigkeit stärken – Wettbewerbsfähigkeit erhalten. Präventiver Arbeits- und Gesundheitsschutz als Treiber. Aachener Reihe Mensch und Technik. Bd. Nr. 60. Wissenschaftsverlag Mainz in Aachen.

Heger, G.; Simon, D.; Reszies, S.; Kather-Skibbe, P.; (2009) Überbetriebliche Allianzen zur Präventions- und Gesundheitsförderung in KMU. In: Cernavin, O; Freigang-Bauer, I.; Heger, G.; Jansen, N.; Pröll, U.; Simon, D. (Hrsg.): Überbetriebliche Allianzen zur Prävention in KMU. Welche (Heraus)Forderungen stellen einzelne Branchen an Wissenschaft und Multiplikatoren? RKW Kompetenzzentrum Eschborn RKW Kompetenzzentrum, Düsseldorfer Str. 40, 65760 Eschborn.

## Fotonachweise

Fotolia LLC

S. 14/18/19/20/27/30/34/39/44/48/51/53/60/66/70/74/79/82/84/86/87/90/92/98/103/106/108/110/113/115/123/127/129/130/136/140/143/145/148/155/159/160/166/167/169/172/175/177/179/184/185/187, Umschlag

InnoGema

S. 80/152/165/166/167

# Die Herausgeber und Autoren

## Die Projektleiter des Forschungsprojekts InnoGema

Günther Heger,
Professor für Strategische Unternehmensführung, Industriegütermarketing, Dienstleistungsmarketing an der Hochschule für Technik und Wirtschaft Berlin.

Dieta Simon,
Professorin für Innovations- und Technologiemanagement, Industriegütermarketing, Dienstleistungsmarketing an der Hochschule für Technik und Wirtschaft Berlin

## Das Autorenteam

Die Autoren dieses Praxishandbuchs sind Wirtschafts- und Sozialwissenschaftler, Berater und Coaches, die im Forschungsprojekt die verschiedenen Zielgruppen beraten und mit ihnen den Aufbau eines Netzwerks für die Betriebliche Gesundheitsförderung umgesetzt haben. Sie haben Erfahrung insbesondere in der Kooperation mit kleinen Unternehmen und standen im Austausch mit anderen Forschungseinrichtungen, Institutionen und Projekten zur betrieblichen Gesundheitsprävention im ganzen Bundesgebiet.

Dr. oec. Sabine Reszies,
Diplom-Wissenschaftsorganisatorin, promovierte zu Rahmenbedingungen der Organisationsgestaltung in kleinen und mittleren Unternehmen und ist Dozentin für Marketing, Personal und BWL. Ein Arbeitsschwerpunkt ist die Existenzgründungs- und Qualitätsmanagementberatung in der Gesundheitswirtschaft. Als Koordinatorin des Forschungsprojektes InnoGema zeichnete sie für das Budget und die Steuerung des Gesamtprojektes verantwortlich. Sie präsentierte das Netzwerk nach außen und verknüpfte die verschiedenen Aktivitäten und Akteursgruppen, schwerpunktmäßig die Verbände, Krankenkassen und Berufsgenossenschaften.

Veit Hannemann,
Diplom Politologe, Umweltreferent, Trainer und Coach für Veränderungsprozesse. Sein Arbeitsschwerpunkt ist die Beratung von KMU und sozialen Einrichtungen

zu Personalentwicklung, Arbeitsbewältigung und betrieblicher Gesundheitsförderung. Im Rahmen des Forschungsprojekts InnoGema führte er Experteninterviews und Analysen in den Partnerunternehmen durch, konzipierte und moderierte Workshops mit den verschiedenen Akteursgruppen im Netzwerk.

Petra Kather-Skibbe,
ist Diplom-Wirtschaftsingenieurin (FH), Systemische Beraterin und Prozessbegleiterin (SG) sowie Lehrbeauftragte für Arbeitswissenschaften an der Hochschule für Technik und Wirtschaft Berlin. Ihre Arbeits- und Forschungsschwerpunkte liegen im Bereich Betriebliche Gesundheitsförderung und Arbeits- und Gesundheitsschutz. Im Forschungsprojekt InnoGema war sie verantwortlich für die Beratung von Unternehmens- und Gesundheitspartnern. Sie führte Interviews und Analysen in den Partnerunternehmen durch und konzipierte und moderierte Workshops der verschiedenen Akteursgruppen. Zudem war sie federführend bei der konzeptionellen Erarbeitung von Qualitätskriterien für die Gesundheitspartner von InnoGema.

Jana Hering,
M.Sc. Public Health, B.Sc. und Stressbewältigungstrainerin, betreute als stellvertretende Projektkoordinatorin im Forschungsprojekt InnoGema die Gesundheitspartner und war für die Veranstaltungsorganisation zuständig. Zudem war sie am Aufbau des Internetportals beteiligt.

### Inhaltliche Zuarbeit zum Praxishandbuch
Stefanie Genzmer,
Bachelor of Science Pflege- und Gesundheitsmanagement, Master of Sciences Management und Qualitätsentwicklung im Gesundheitswesen MQG.

Christina Nagel,
Diplomwirtschaftlerin, umfangreiche berufliche Erfahrungen auf den Gebieten Marketing und Marktforschung, war im Projekt InnoGema unterstützend tätig bei der Organisation von Veranstaltungen und verantwortlich für den Aufbau und die Gestaltung des Internetportals.

Jörg Schaarschmidt,
Diplom-Geograph, Volontariat und Tätigkeit im Bereich Unternehmenskommunikation. Im Forschungsprojekt InnoGema zuständig für Presse- und Öffentlichkeitsarbeit, die Redaktion und Gestaltung des InnoGema-Newsletters sowie für die Betreuung des Internetportals.

### Layout, Grafik
welzwerbung,
Thilo Welz,
Diplom Kaufmann (FH), Mediengestalter für Digital und Printmedien – Mediendesign, www.welzwerbung.de

### Zeichnungen
Juliane Roschlau,
Studentin im Studiengang Kommunikationsdesign an der design akademie berlin

## *Kontaktadresse*

InnoGema, Netzwerkentwicklung für ein innovatives Gesundheitsmanagement, Forschungsprojekt an der Hochschule für Technik und Wirtschaft Berlin HTW. Projekt InnoGema, Hönower Str. 34/2, 10318 Berlin, www.innogema.de, info@innogema.de.

# Fit für die Zukunft? www.innogema.de

**InnoGema**

„Wir bewegen Unternehmen!"

Das **Netzwerk an der Hochschule für Technik und Wirtschaft Berlin** ist ein regionaler Verbund von kleinen und mittleren Unternehmen, Gesundheitsdienstleistern und Förderern mit dem Ziel:

- Betriebliche Gesundheitsförderung aus einer Hand zu bieten: von der Beratung bis zur Umsetzung,

- Know-how rund um die gesunde Organisation bereitzustellen,

- einen Überblick zu Gesundheitsangeboten und ihrer Qualität zu ermöglichen,

- auf Anfrage passgenaue Angebote zu erstellen

- und weitere regionale Verbünde aufzubauen.

## Werden auch Sie ein attraktiver Arbeitgeber – InnoGema unterstützt Sie dabei!

gefördert durch

 Bundesministerium für Bildung und Forschung

 **ESF** Europäischer Sozialfonds für Deutschland

 EUROPÄISCHE UNION

 DLR Deutsches Zentrum für Luft- und Raumfahrt e.V. Projektträger im DLR

 Förderschwerpunkt Innovationsstrategien jenseits tradionellen Managements

 **htw.** Hochschule für Technik und Wirtschaft Berlin University of Applied Sciences